建筑电气工程施工常见问题分析

北京双圆工程咨询监理有限公司　周卫新　主编

中国建筑工业出版社

图书在版编目(CIP)数据

建筑电气工程施工常见问题分析/周卫新主编．北京：
中国建筑工业出版社，2013.5
ISBN 978-7-112-15223-0

Ⅰ.①建… Ⅱ.①周… Ⅲ.①房屋建筑设备—电气
设备—建筑安装—工程施工—研究 Ⅳ.①TU85

中国版本图书馆CIP数据核字（2013）第050193号

为解决建筑电气施工过程的一些常见疑难问题，本书从低压线路、电气设备、材料、电气安装、电气消防、防雷接地及等电位、电动机、弱电系统、施工现场临时用电及建筑电气工程其他常见问题等九个方面进行了分析和探讨。本书在编写过程中，查阅了大量设计标准、施工验收规范和规程、相关材料设备的制造标准和IEC标准，还参考了王厚余老先生的经典之作《低压电气装置的设计安装和检验》、《建筑物电气装置500问》。

本书可供电气施工、监理技术人员在工作中参考和借鉴。

您若对本书有什么意见、建议，或您有图书出版的意愿或想法，欢迎致函zhanglei@eabp.com.cn交流沟通！

* * *

责任编辑：曾 威 张 磊
责任设计：张 虹
责任校对：肖 剑 赵 颖

建筑电气工程施工常见问题分析
北京双圆工程咨询监理有限公司 周卫新 主编
*
中国建筑工业出版社出版、发行（北京西郊百万庄）
各地新华书店、建筑书店经销
北京永铮有限责任公司制版
北京云浩印刷有限责任公司印刷
*
开本：787×960毫米 1/16 印张：10½ 字数：256千字
2013年4月第一版 2013年4月第一次印刷
定价：**29.00**元
ISBN 978-7-112-15223-0
（23244）

前　言

建筑电气是建筑工程的一个重要组成部分，而建筑电气施工又是关系到电气系统及其他用电设备能否安全、稳定运行的关键方面。建筑电气施工周期比较长，从基础阶段的防雷接地、结构期间的预留预埋、装修阶段的安装、调试、系统试运行，还包括系统（弱电）试运行后的检测等，在整个电气施工过程中，每一个环节都可能遇到各种各样的问题，如：材料设备、安装、测试等问题，还会遇到产品制造标准、设计标准问题，如何处理和解决好这些问题，是我们电气技术人员需要深入思考和付出努力的。

本书根据自己二十几年电气施工、监理的经验，总结了建筑电气施工中经常遇到的一些常见疑难问题，进行了较为系统和深入的分析。由于本书涉及与电气施工有关的多方面的内容，且限于作者的水平，有一些观点不一定正确，希望电气专业的同行批评指正。

本书在编写过程中，很多同志参与了相关章的编写并提出了宝贵意见：陈明（第一章、第六章）、张骥霄（第二章、第六章）、肖飞飞（第三章、第八章）、张文洋（第一章、第五章、第九章）、孙智晔（第四章、第八章）、冀超（第四章、第七章）、张晶晶（第五章、第七章）、王涛（第五章、第八章）、隗功辉（审核、整理），在此表示衷心的感谢。

目　录

第一章　低压线路常见问题

1　电气导管采用的主要相关标准问题

电气导管在工程建设中作为电线、电缆保护的基本措施之一，得到了非常广泛的应用，而且由于制造材料和工艺的不同，又分为多个种类。目前电气导管采用的主要标准如下：

（1）《可挠金属电线保护套管》JG/T 3053-1998，适用于可挠金属电线保护套管。

（2）《可挠金属电线保护管配线工程技术规范》CECS 87:96，适用于1kV及以下可挠金属电线保护管配线工程的设计、施工及验收。

（3）《建筑用绝缘电工套管及配件》JG 3050-1998，适用于以塑料绝缘材料制成的，用于建筑物或构筑物内保护并保障电线或电缆布线的圆形电工套管及配件。

（4）《套接紧定式钢导管电线管路施工及验收规程》CECS 120:2007，适用于建筑物内电压1000V及以下无特殊规定的室内场所，采用连接套管和紧定旋钮或螺钉连接钢导管组成保护电线的管路敷设工程施工及验收。

（5）《套接扣压式薄壁钢导管电线管路施工及验收规程》CECS 100:98，适用于1kV及以下无特殊规定的室内干燥场所，采用套接扣压式连接的薄壁钢导管组成电线保护管敷设工程的施工及验收。

（6）《低压流体输送用焊接钢管》GB/T 3091-2008，适用于水、空气、采暖蒸汽、燃气等低压流体输送用焊接钢管。

（7）《电气安装用导管系统　第1部分：通用要求》GB/T 20041.1-2005/IEC 61386-1:1996。

（8）《电缆管理用导管系统　第21部分：刚性导管系统的特殊要求》GB 20041.21-2008/IEC　61386-21:2002。

（9）《电缆管理用导管系统　第22部分：可弯曲导管系统的特殊要求》GB 20041.22-2009/IEC 61386-22:2002。

（10）《电缆管理用导管系统　第23部分：柔性导管系统的特殊要求》GB 20041.23-2009/IEC　61386-23:2002。

(11)《电缆管理用导管系统　第 24 部分：埋入地下的导管系统的特殊要求》GB 20041.24-2009/IEC 61386-24:2004。

(12)《电气安装用导管的技术要求　通用要求》GB/T 13381.1-1992，参照采用 IEC 614-1（1978）。

(13)《电气安装用导管　特殊要求——金属导管》GB/T 14823.1-1993，参照采用 IEC 614-2-1（1982），后改为 IEC 60614-2-1:1982。

(14)《电气安装用导管　特殊要求——刚性绝缘材料平导管》GB/T 14823.2-1993，参照采用 IEC 614-2-2（1980），后改为 IEC60614-2-2:1980。

(15)《电气安装用导管　特殊要求——可弯曲自恢复绝缘材料导管》GB/T 14823.4-1993，参照采用 IEC 614-2-4（1985），后改为 IEC 60614-2-4:1985。

2　电气导管标准应用有效性问题

中华人民共和国国家质量监督检验检疫总局和中国国家标准化管理委员会于 2005 年 9 月 19 日联合发布《电气安装用导管系统　第 1 部分：通用要求》GB/T 20041.1-2005/IEC　61386-1:1996。2008 年 12 月 30 日又发布了与之配套的《电缆管理用导管系统　第 21 部分：刚性导管系统的特殊要求》GB 20041.21-2008/IEC　61386-21:2002，2009 年 5 月 6 日发布了《电缆管理用导管系统　第 22 部分：可弯曲导管系统的特殊要求》GB 20041.22-2009/IEC 61386-22:2002、《电缆管理用导管系统　第 23 部分：柔性导管系统的特殊要求》GB 20041.23-2009/IEC 61386-23：2002、《电缆管理用导管系统　第 24 部分：埋入地下的导管系统的特殊要求》GB 20041.24-2009/IEC 61386-24：2004。

目前在执行的关于电气安装用导管的国家标准还有 4 个，分别是《电气安装用导管的技术要求　通用要求》GB/T 13381.1-1992、《电气安装用导管　特殊要求——金属导管》GB/T 14823.1-1993、《电气安装用导管　特殊要求——刚性绝缘材料平导管》GB/T 14823.2-1993、《电气安装用导管　特殊要求——可弯曲自恢复绝缘材料导管》GB/T 14823.3-1993。

GB/T 13381.1-1992 当初参照采用的是 IEC 614-1（1978），后改为 IEC 60614-1:1994；GB/T 14823.1-1993 当初参照采用的是 IEC 614-2-1（1982），后改为 IEC 60614-2-1:1982；GB/T 14823.2-1993 当初参照采用的是 IEC 614-2-2（1980），后改为 IEC 60614-2-2:1980；GB/T 14823.4-1993 当初采用参照的是 IEC 614-2-4（1985），后改为 IEC 60614-2-4:1985。

需要说明的是 IEC 60614 系列标准已被 IEC 61386 系列标准所替代，也就是说目前 IEC 60614-1:1994、IEC 60614-2-1:1982、IEC 60614-2-2:1980、IEC

60614-2-4: 1985 都已废止，而参照采用此 IEC 60614 系列标准制定的 GB/T 13381.1-1992、GB/T 14823.1-1993、GB/T 14823.2-1993、GB/T 14823.4-1993 并没有同步废止。因此，造成了新旧两套国家标准同时并存的情况。经向电气导管的归口单位：全国电器附件标准化技术委员会咨询，旧标准确实应该废止，但是，近两年我国检测机构的检验报告执行的标准仍是旧标准。

3 套接紧定式钢导管（JDG 管）的紧定方式问题

依据《套接紧定式钢导管电线管路施工及验收规程》CECS 120: 2007，套接紧定式钢导管的连接套管有两种紧定方式，分别为无螺纹旋压型和有螺纹紧定型。

无螺纹旋压型经国家相关机构检测，连接处的抗拉强度达到了 6kN 以上，有效地保证了连接部位的质量。

老标准《套接紧定式钢导管电线管路施工及验收规程》CECS 120: 2000 的规定：有螺纹紧定型连接套管的壁厚为 1.6mm，通过试验测得连接处的抗拉强度约 1kN。《套接紧定式钢导管电线管路施工及验收规程》CECS 120: 2007 的规定：连接套管的壁厚为 2.2mm，要求紧定螺钉孔的螺纹不少于 4 扣。在第 3.0.4 条条文说明中是这样解释的：对螺纹丝扣量的要求，目的是要求螺纹紧定后到位，以提高连接处的强度，避免不良产品进入市场。CECS 120: 2007 第 3.0.5 条要求：电线管路连接处的抗拉强度不应小于 1.5kN。

通过以上情况说明，有螺纹紧定型的连接套管壁厚为 2.2mm，并保证紧定螺钉孔的螺纹不少于 4 扣时，才能够满足电线管路连接处的抗拉强度不小于 1.5kN。而壁厚为 1.6mm 的连接套管，达不到上述要求。而无螺纹旋压型的连接套管连接处的抗拉强度达到了 6kN 以上，应该说连接的可靠性比有螺纹紧定型更强。在工程实际应用中，为保证管路连接质量，应采用达到 CECS 120: 2007 要求的连接套管，不能采用不合格的产品。

4 套接紧定式钢导管（JDG 管）的应用场所问题

在很多工程上，都出现套接紧定式钢导管的应用场所不当的问题，例如：有的在建筑物的屋面上敷设，有的沿建筑物的外墙敷设，有的在土壤内敷设，还有很多室外夜景照明的管路也采用 JDG 管进行敷设。经常可以看到在室外敷设的 JDG 管外壁锈蚀严重。造成这一严重的质量问题的原因，是没有按照《套接紧定式钢导管电线管路施工及验收规程》CECS 120: 2007 的规定执行。在 CECS 120: 2007 的适用范围中明确规定：本规程适用于无特殊规定的室内场所。首先，应该明确JDG管只能在室内应用，不能应用在室外。其次，对室内有特殊要求的场所，如：易燃、易爆、可燃液、气体场所、腐蚀、潮湿严重场所，人防工程等均不适用，应执行相关标准的规定。JDG管只能在室内应用，不能应用在室外的主要原因是：目前生产厂家生产的JDG管均为冷镀锌（即电镀锌），镀锌层厚度比较薄（≥12μm），其防腐蚀的性能比较差。JDG管不能在土壤内直接敷设，除了防腐性能比较差的原因外，还有另外一个原因是壁厚比较薄（通常只有1.6mm）。现在有一些弱电的管线采用JDG管在水泵房、冷冻机房内应用，经观察一些工程的机房，环境倒并不潮湿，应该说并不违反CECS 120:2007的规定。但是，有一个问题，建筑设计院设计的管线多要求热浸镀锌，包括线槽也采用热浸镀锌线槽，而弱电工程通常由弱电的实施单位进行深化设计，所以，在这些场所出现了材料防腐性能执行不一致的情况。

5 套接紧定式钢导管（JDG管）连接处的封堵问题

套接紧定式钢导管（JDG管）按《套接紧定式钢导管电线管路施工及验收规程》的规定，是可以在现浇混凝土内暗敷设的，但由于其连接套管的特点，在连接处会产生相对来讲较大的缝隙，在混凝土浇筑时，混凝土砂浆极易通过缝隙进入JDG管内，从而造成管路堵塞。因此，暗敷的管路，尤其是在混凝土内暗敷的管路，做好套管连接处的封堵还是非常重要的。按CECS 120:2007的要求：管路连接处宜涂以电力复合脂或采取有效的封堵措施。在条文说明中提到：目前封堵措施之一是涂电力复合脂，对提高金属电线管路连接处电气性能是有利的。电力复合脂具有良好的附着力和导电性能，密封性比较好，应是首选的封堵措施，但关键是套管缝隙处要封堵严密，且套管两端固定牢固。现在，施工现场还出现了一种做法，在套管的连接处用粘塑料带进行缠绕封堵，应该说还是起到了有效封堵的目的，但从结构专业角度来讲，这样的做法对结构强度是不利的。

6 套接紧定式钢导管(JDG管)进配电箱(柜)应做跨接接地线问题

套接紧定式钢导管（JDG管）电线管路的管材、连接套管及附件一般均为镀锌，当管与管、管与盒连接，且采用专用附件时，连接处可不设置跨接接地线。但有的技术人员在套接紧定式钢导管（JDG管）进配电箱时，忽略了配电箱（柜）不是镀锌的情况，而按通常情况进行了处理。

套接紧定式钢导管（JDG管）进配电箱不做跨接接地线，不能保证接地的电气连续性，应在施工前进行识别。对金属配电箱（柜）体表面采用喷塑等进行防腐处理的情况下，在与电气管路连接时，因其附着力强，厚度较厚，JDG 管配套的爪型螺母尚不适应，且当连接处的防腐层受损后，将影响箱体的整体防腐性能。因此，当遇到此种情况时，应考虑管路与箱（柜）体连接时的电气性能，在连接处应设跨接接地线，可将所有管路采用专用接地卡通过截面不小于 $4mm^2$ 的软铜线进行跨接，并将软铜线接至配电箱（柜）内 PE 端子排，压接处均应搪锡。

7　导管跨接接地线问题

导管跨接接地线是为了保证管路的电气连续性，《可挠金属电线保护管配线工程技术规范》CECS 87:96 第 4.3.2 条规定：可挠金属电线保护管与管、盒（箱）连接处应采用可挠金属电线保护管专用接地夹进行地线连接。其地线应采用截面积不小于 $4mm^2$ 的多股铜线。《建筑电气工程施工质量验收规范》GB 50303—2002 中也有类似的要求，第 14.1.1 条第 1 款规定：镀锌的钢导管、可挠性导管和金属线槽不得熔焊跨接接地线，以专用接地卡跨接的两卡间连线为铜芯软导线，截面积不小于 $4mm^2$。

针对这一问题，国内有厂家依据《电缆管理用导管系统　第 22 部分：可弯曲导管系统的特殊要求》，GB 20041. 22-2009/IEC 61386-22:2002，在国家固定灭火系统和耐火构件质量监督检验中心对 KV-2 型 15 号导管、50 号导管、130 号导管三种规格的可挠（金属）电气导管进行了导电连续性试验。以 KV-2 型 15 号导管为例简述实验条件和结果：取一根长 150mm 导管试样与导管附件装配成组件，在耐腐蚀试验后立即进行导电连续性试验。向组件的两端输入 25A、频率 50Hz 的交流电源，电源空载电压不大于 12V，通电时间 1min，测得电阻为 0.0073Ω。同样试验条件下，KV-2 型 50 号导管电阻为 0.0167Ω；KV-2 型 130 号导管电阻为 0.0162Ω。标准规定电阻不得超过 0.05Ω。

厂家还依据《电气安装用导管系统　第 1 部分：通用要求》，GB/T 20041.1-2005/IEC 61386-1:1996，在国家固定灭火系统和耐火构件质量监督检验中心对 KV-1 型 17 号导管进行了屏蔽接地试验。过程如下：10 节 120mm 长的 KV-1 型 17 号导管，用 9 只导管配件连成的组件，向组件的两端输入 25A、频率 50Hz 的交流电流，电源空载电压不大于 12V，通电时间 1min，测得电阻为 0.0437Ω。标准规定电阻不得超过 0.1Ω。

通过标准要求的导电连续性试验和屏蔽接地试验，电阻值均小于标准规定值，应该说此厂家生产的可挠（金属）电气导管，在管与管（盒）连接处，可不跨接接地线。

8　镀锌钢导管丝接处的过渡电阻问题

《建筑电气工程施工质量验收规范》GB 50303—2002 第 14.1.1 条第 2 款中规定：当镀锌钢导管采用螺纹连接时，连接处的两端用专用接地卡固定跨接接地线。在该规范的条文说明中并没有对为什么要做“跨接接地线”做出进一步解释，通常的理解应是：镀锌钢导管丝扣连接后，其两端的电气连续性不能满足要求，所以需要跨接接地线。在实际工程中，跨接接地线虽然是做了，但是也出现了很多问题：首先，就是跨接接地线松动问题。由于固定跨接接地线的专用接地卡制造极不规范，既薄且窄，不宜压接牢固，再加上操作问题，导致跨接接地线松动，形同虚设。其次，由于增加成本（每一个丝接处需两个接地卡和一段 $4mm^2$ 软铜线），经常出现以次充好，以便降低成本。以上问题，如果不能有效解决，会难以达到规范要求“跨接接地线”的初衷。镀锌钢导管丝扣连接后，其两端的电气连续性究竟如何？即过渡电阻究竟有多大？应经过试验加以验证，如不满足要求，必须采取相应措施。如果满足《电气安装用导管系统　第 1 部分：通用要求》的规定，应可省去“跨接接地线”的做法，那样将可节省可观的费用，并大大提高施工效率。

9　导管连接及与箱盒连接不需做跨接接地线问题

《套接紧定式钢导管电线管路施工及验收规程》CECS 120:2007 第 6.0.1 条规定：套接紧定式钢导管及其金属附件组成的电线管路，当管与管、管与盒（箱）、线槽的连接符合本规程第 5 章管路连接规定时，连接处可不设置跨接接地线。管路外露可导电部分应有可靠接地。

《套接扣压式薄壁钢导管电线管路施工及验收规范》CECS 100:98 第 5.0.1 条规定：套接扣压式薄壁钢导管及其金属附件组成的电线管路，当管与管、管与盒（箱）连接符合第四章管路连接规定时，连接处可不设置跨接线，管路外壳应有可靠接地。

这两种管：套接紧定式钢导管、套接扣压式薄壁钢导管都有连接处可不设置跨接线的规定。但是其前提都是：管、盒（箱）镀锌。因此，当不符合这一前提的情况下，如：管镀锌，盒（箱）喷塑时，应设置跨接接地线。

10　电气导管的型式问题

在工程施工过程中，随结构预留预埋暗敷的电气管路，应用最多的是焊接钢管（有镀锌和非镀锌之分），它所遵循的现行制造标准是《低压流体输送用焊接钢管》GB/T 3091-2008，适用于：水、空气、采暖蒸汽、燃气等低压流体的输送，应该说我们电气专业的管路在借用其他专业的制造标准，由建筑工程电气导管目前采用的主要相关标准可知，电气专业也有成系列的国家标准，为什么不能制造出更适合电气专业的电气安装用导管呢？笔者认为应该明确电气安装用导管的基本型式。电气导管在工程应用中确实出现了一些需要规范和明确的问题，首先从导管的制造标准上应进行规范，明确新旧标准之间的关系，避免出现很长一段时间还在同时使用的情况。其次，在市场上应推出更适合电气安装用的导管，消除大家“电气总是借用水管”的认识。

11 电气导管敷设符号及导管符号问题

在电气工程设计图纸中，经常看到 BV－3×2．5mm^2－SC20 等类似的标注，有一部分人一直认为 SC20 是管径为 20mm 的焊接钢管；甚至有的人认为 SC 就是一种管材。其实这种认识是不准确的或错误的。其正确的含义应是：穿管径为 20mm 的焊接钢管敷设，实际表示的是一种敷设方式，SC 不是一种管材。那么，电气导管有没有相应的符号呢？经查相关制造标准，多数是有的，如：建筑用绝缘电工套管分为：GY（硬质）、GB（半硬质）、GW（波纹）；套接紧定式钢导管：JDG；套接扣压式薄壁钢导管：KBG；可挠金属电线保护套管：LZ（外层为镀锌钢带）、LV（在镀锌钢带外层覆一层聚氯乙烯）；焊接钢管：ERW（直缝高频电阻焊钢管）、SAWL（直缝埋弧焊钢管）、SAWH（螺旋缝埋弧焊钢管）。在实际工作中我们应注意区分管路敷设方式的符号和导管的符号，不能混为一谈。

12 绝缘导管壁厚、机械性能、温度等级等问题

（1）绝缘导管壁厚问题

关于绝缘导管壁厚，不同的标准规定不一致。《建筑用绝缘电工套管及配件》JG 3050-1998 规定的壁厚如表 1-1 所示：

建筑用绝缘电工套管规格尺寸 **表 1-1**

公称尺寸（mm）	外径（mm）	极限偏差（mm）	最小内径（mm）		硬质套管最小壁厚（mm）
			硬质套管	半硬质、波纹套管	
16	16	0 －0.3	12.2	10.7	1.0
20	20	0 －0.3	15.8	14.1	1.1

续表

公称尺寸（mm）	外径（mm）	极限偏差（mm）	最小内径（mm）		硬质套管最小壁厚（mm）
			硬质套管	半硬质、波纹套管	
25	25	0 -0.4	20.6	18.3	1.3
32	32	0 -0.4	26.6	24.3	1.5
40	40	0 -0.4	34.4	31.2	1.9
50	50	0 -0.5	43.2	39.6	2.2
63	63	0 -0.6	57.0	52.6	2.7

从表中可以看出，只有硬质套管对最小壁厚提出了要求，而对半硬质、波纹套管没有提出最小壁厚的要求。

在华北标办图集《建筑电气通用图集　09BD1 电气常用图形符号与技术资料》中规定的壁厚如表1-2所示：

塑料导管技术数据 **表1-2**

导管类型（图注代号）	公称直径（mm）	外径（mm）	壁厚（mm）	参考内径（mm）
聚氯乙烯硬质电线导管（PC）	16	16	1.9	12.2
	20	20	2.1	15.8
	25	25	2.2	20.6
	32	32	2.7	26.6
	40	40	2.8	34.4
	50	50	3.2	43.2
	63	63	3.4	56.2
聚氯乙烯半硬质电线导管（FPC）	16	16	2.0	12.0
	20	20	2.0	16.0
	25	25	2.5	20.0
	32	32	3.0	26.0
	40	40	3.0	34.0
	50	50	3.0	44.0

续表

导管类型（图注代号）	公称直径（mm）	外径（mm）	壁厚（mm）	参考内径（mm）
硬质难燃塑料导管	16	16	1.6	12.8
	20	20	1.8	16.4
	25	25	2.0	21.0
	32	32	2.5	27.0
	40	40	2.9	34.2
	50	50	3.0	44.0
	63	63	3.2	56.6

对照上面两个表看，壁厚的差距是比较大的。在实际工程中应怎样执行呢？我个人认为，《建筑用绝缘电工套管及配件》JG 3050-1998 是制造标准，是必须执行的。而华北标办图集《建筑电气通用图集 09BD1 电气常用图形符号与技术资料》中的规定，应是参考标准，因为图集一般情况下是推荐性的，但当合同中明确采用图集标准时，应按图集标准执行。

（2）绝缘导管的机械性能问题

在《建筑电气工程施工质量验收规范》GB 50303—2002 及《1kV 及以下配线工程施工与验收规范》GB 50575—2010 中均规定：埋设在墙内或混凝土内的绝缘导管，应采用中型及以上导管。中型及以上导管是什么概念呢？按《建筑用绝缘电工套管及配件》JG 3050-1998 规定，导管按机械性能可分为如下五类：

a. 低机械应力导管（简称轻型），代号为 2；

b. 中机械应力导管（简称中型），代号为 3；

c. 高机械应力导管（简称重型），代号为 4；

d. 超高机械应力导管（简称超重型），代号为 5。

在套管抗压性能试验中，30s 内均匀施加如表 1-3 所示的压力时，硬质套管的外径变化率应小于 25%，撤去荷载 1min 时，外径变化率应小于 10%；半硬质套管及波纹套管在加荷 30s 时，套管外径变化率在 30% ~50% 范围内，持荷 1min 后撤去荷载，15min 内，套管外径变化率应小于 10%。

套管抗压荷载值 **表 1-3**

套管类型	压力（N）	套管类型	压力（N）
轻　型	320	重　型	1250
中　型	750	超重型	4000

（3）绝缘导管温度等级问题

在工程中有时出现现场采用的绝缘导管，忽略了温度等级的要求，如北京在冬季达到 -10℃以下的低温时，还在采用温度等级为-5 型的导管，按规定此温度等级的导管应在环境温度 -5℃以上使用。关于绝缘导管的温度等级分类，《建筑用绝缘电工套管及配件》JG 3050-1998 有明确规定，如表 1-4 所示。

套管的温度分类 **表 1-4**

温度等级	环境温度不低于（℃）		长期使用温度范围（℃）
	运输及保存	使用及安装	
-25 型	-25	-15	-15 ~ 60
-15 型	-15	-15	-15 ~ 60
-5 型	-5	-5	-5 ~ 60
90 型	-5	-5	-5 ~ 60
90/ -25 型	-25	-15	-15 ~ 60

因此，在绝缘导管运输、保存、使用和安装时，一定要重视期间的环境温度应满足上表中规定的数值。

13 绝缘导管燃烧性能问题

绝缘导管燃烧性能原来一直按《建筑材料燃烧性能分级方法》GB 8624-1997 的第 6.3 节电线电缆套管类塑料材料规定执行，规定如下：

电线电缆套管类塑料材料的燃烧性能分级如表 1-5 所示。同种材质而厚度不同的电线电缆套管类材料，若其最大厚度和最小厚度的材料的燃烧性能同时满足表 1-5 中某一等级的要求，则其中间厚度的材料也可确认该等级。不能同时满足时，则应以最不利的数值作为分级的依据。

电线电缆套管类塑料材料的燃烧性能分级 **表 1-5**

材料类型	检验方法	判定指标	燃烧性能级别
热塑性塑料	GB/T 2406 GB/ T 2408 GB/ T 8267	*a*）氧指数≥32； *b*）达到 GB/T 2408-80/Ⅰ级； *c*）烟密度等级（SDR）≤75	B_1
	GB/T 2406 GB/ T 2408	*a*）氧指数≥26； *b*）达到 GB/T 2408-80/Ⅱ级；	B_2

续表

材料类型	检验方法	判定指标	燃烧性能级别
热固性塑料	GB/T 2406 GB/T 2409 GB/T 8267	*a*）氧指数≥32； *b*）达到FV-0级； *c*）烟密度等级（SDR）≤75	B_1
	GB/T 2406 GB/T 2409	*a*）氧指数≥26； *b*）达到FV-Ⅰ级	B_2

《建筑材料燃烧性能分级方法》GB 8624-1997于2007年3月1日被新标准《建筑材料及制品燃烧性能分级》GB 8624-2006所代替。而且在其前言中明确："燃烧性能分级适用的材料范围有所变化，对原标准规定的部分特定用途的材料，如窗帘幕布类纺织物、电线电缆套管类塑料材料的分级不再包括"。这一变化，使得上表对绝缘导管的燃烧性能的判断指标，如氧指数、烟密度等级等均已不适用。经查相关标准，只有《建筑用绝缘电工套管及配件》JG 3050-1998对燃烧性能还有一些规定，如表1-6所示：

表1-6

项目		硬质套管	半硬质、波纹套管	配件
阻燃性能	自熄时间	t_e≤30s	t_e≤30s	t_e≤30s
	氧指数	OI≥32	OI≥27	OI≥32

上表应是目前我们在工程上应用绝缘导管时，其应达到的阻燃性能指标。

顺便说明一下，建筑材料燃烧性能分级的变化情况，《建筑材料燃烧性能分级方法》GB 8624-1997原为A（不燃材料）、B1（难燃材料）、B2（可燃材料）、B3（易燃材料）四个等级，《建筑材料及制品燃烧性能分级》GB 8624-2006分为A1、A2、B、C、D、E、F七个等级。

14 电线、电缆绝缘测试问题

（1）选择兆欧表电压等级问题

在电气工程中经常选用额定电压为450V/750V的电线作为配电线路，配电线路需要进行绝缘测试，但在选用何种电压等级的兆欧表上，大家的认识并不一致，相关的标准规定也并不统一。有的电气技术人员认为对额定电压为450V/750V的电线，由于其最高电压已达到了750V，应用电压等级为1000V的兆欧表才能检验其绝缘程度，采用500V兆欧表不能满足要求。

在北京市地方标准《建筑安装分项工程施工工艺规程》DBJ/T 01-26-2003第七分册第4.4.12条的第2款是这样规定的“电线、电缆的绝缘摇测应选用1000V兆欧表”。还有很多的建筑施工单位的企业标准中也是这样规定的。还有一种认识认为应选用电压等级为500V的兆欧表，依据是现行国家标准《电气装置安装工程　电气设备交接试验标准》GB 50150-2006第1.0.10条第2款规定“500V以下至100V的电气设备或回路，采用500V100MΩ及以上兆欧表”。这种观点认为额定电压为450V/750V的电线均工作在380V或220V的回路上，因此应采用500V兆欧表。笔者支持第2种观点，因为450V/750V反映的是电线的耐压水平，如用超出其耐压水平较多的兆欧表进行测试，其耐压水平可能受到损害，影响其使用寿命和正常运行。在IEC标准转换为国家标准的《低压电气装置第6部分：检验》GB 16895.23-2012/ IEC 60364-6：2006第61.3.3条关于测试电压的规定如表1-7所示。

表1-7

标称回路电压	直流测试电压（V）	绝缘电阻（MΩ）
SELV和PELV	250	≥0.5
500V及以下，包括FELV	500	≥0.5
500V以上	1000	≥1.0

对照上表可以看出，500V及以下回路，应采用500V的直流测试电压测量绝缘电阻。因此，工作于380V或220V的回路的450V/750V的电线，应采用500V兆欧表测量其绝缘电阻。

对0.6/1kV电缆测量其绝缘值,应用什么电压等级的兆欧表呢？从上表可知，标称回路电压在500V及以下时,可采用500V兆欧表;标称回路电压在500V以上时,应采用1000V兆欧表。在现行国家标准《电气装置安装工程　电气设备交接试验标准》GB 50150-2006中规定：0.6/1kV电缆宜用1000V兆欧表。该规范还规定可用2500V兆欧表测量绝缘电阻代替交流耐压试验，试验时间1min。

（2）绝缘电阻值问题

电线、电缆的绝缘电阻值，应根据标称回路的电压符合上表内规定的绝缘电阻值。

15　一般低压配电装置、线路绝缘电阻最小值为何定为0.5MΩ问题

在国家标准《低压电气装置　第6部分：检验》GB 16895.23-2012/IEC

60364-6:2006 第61.3.3条规定绝缘电阻值如表1-7所示。

一般民用建筑电气工程，低压配电线路采用的电压多为380V或220V，属于表1-7中标称回路电压为500V及以下，最低绝缘电阻值为0.5MΩ。

在国家标准《电气装置安装工程电气设备交接试验标准》GB 50150-2006中同样规定配电装置及馈电线路的绝缘电阻值不应小于0.5 MΩ。具体如下“24 1kV及以下电压等级配电装置和馈电线路

24.0.1 测量绝缘电阻，应符合下列规定：

1 配电装置及馈电线路的绝缘电阻值不应小于0.5MΩ；”

在国家标准《建筑电气工程施工质量验收规范》GB 50303-2002的第18.1.2条规定“低压电线和电缆，线间和线对地间的绝缘电阻值必须大于0.5MΩ”。

以上的国家标准中，绝缘电阻值均提到了0.5MΩ，但是没有说明确定0.5MΩ的依据。那么，0.5MΩ是依据什么制定的呢？

笔者查阅了很多资料，其中国际电工委员会的标准IEC 60439-1:1999转换为国标的《低压成套开关设备和控制设备　第1部分：型式试验和部分型式试验成套设备》GB 7251.1-2005的第8.3.4条中有这样的规定：如果电路与裸露导电部件之间，每条电路对地标称电压的绝缘电阻至少为1000Ω/V，则认为通过了试验。

如果我们将绝缘电阻1000Ω/V作为标准，可将其等效换算为1MΩ/kV，当低压配电线路电压为380V时，绝缘电阻值最小为0.38MΩ，即满足了要求。

所以，笔者推测，为了工程中便于实施，《低压电气装置　第6部分：检验》GB 16895.23-2012/IEC 60364-6:2006将最小绝缘电阻值按回路电压500V及以下和500V以上分别定为0.5MΩ和1MΩ。一般民用建筑工程的低压，其额定交流电压不超过1kV，应该说以上0.5MΩ和1MΩ的规定，既遵循了1000Ω/V的标准，又考虑了实际应用，是合理的规定。

16　室外管路埋地敷设的防水、防腐问题

（1）防水问题

在工程中，室外管路埋地敷设的情况经常出现，尤其是景观照明。在室外埋地的管路，金属导管和绝缘导管都有应用。绝缘导管一般在管路连接处，使用专用胶粘剂进行连接，密封比较严密，防水效果比较好。金属导管一般采用焊接钢管，导管连接处采用丝接或套管焊接。采用丝接时，自丝接处比较容易往管内渗水；采用套管焊接，如果焊接不严密，也容易渗水。而长时间管内积水将导致管内导线绝缘损坏，引起电气事故。如何解决焊接钢管的防水及线路绝缘损坏的问题呢？我觉得应从两个方面采取措施，首先，在规范采用丝接或焊接后，再用水泥砂浆在连接处进行全面保护，尽量采取措施保证水不进入导管。其次，在管内

尽量不采用普通导线，而采用电缆。

（2）防腐问题

室外埋地敷设的金属导管防腐也是一个实际问题。《建筑电气工程施工质量验收规范》GB 50303—2002 第 14.2.1 条规定：“室外埋地敷设的电缆导管，埋深不应小于 0.7m。壁厚小于等于 2mm 的钢电线导管不应埋设于室外土壤内”。此规定强调了壁厚只有大于 2mm 的钢导管才能在室外埋地敷设，并未强调镀锌还是不镀锌。壁厚大于 2mm 的钢导管一般只能选择焊接钢管，即符合《低压流体输送用焊接钢管》GB/T 3091-2008 标准的导管。焊接钢管由于壁厚大于 2mm，对其防腐耐久性是有利的，如果再采用热浸镀锌处理防腐性能会进一步提高。但在很多工程中发现虽然采用了热浸镀锌的焊接钢管，埋地敷设一段时间后也会产生较为严重的锈蚀。一些项目希望在采用热浸镀锌焊接钢管的基础上，能够采取进一步增加抗腐蚀能力的措施。笔者觉得有两个方法可以考虑采用，一是用水泥砂浆对钢管进行全面保护，二是采用沥青油在钢管外壁进行涂刷。如果仍不能满足要求，可采用传统的“两布三油”作法，即两层玻璃丝布，三道沥青油涂刷。

17　金属管配塑料盒、塑料管配金属盒的问题

一般情况下，管路敷设采用金属管时，也采用配套的金属盒；采用塑料管时，也采用配套的塑料盒，这已经成为约定俗成的做法。但是，在一些工程上，在一些局部的场所，却出现了金属管配塑料盒或塑料管配金属盒的做法。例如，有的酒店或高级公寓在房间内墙上安装的控制面板是专门定做的，而且其配套的盒子也是专门定做的，就出现了金属管配塑料盒或塑料管配金属盒的问题。遇到这样的问题应该如何处理呢？笔者的观点是：

（1）如果金属管配塑料盒或塑料管配金属盒出现在线路的末端，这样的做法应该是可以的。但应注意金属盒要接地，因为一旦金属盒内的带电导体因绝缘损坏等原因与金属盒接触，金属盒就会带电。由于金属盒连接的塑料管是绝缘体，金属盒不能利用管路进行接地，致使金属盒没有保护接地，如人触及金属盒就可能造成电击事故。

（2）如果金属管配塑料盒或塑料管配金属盒出现在线路的中间，这样的做法应尽量不要采用。当特殊情况，无法避免时，应采取相应的处理措施：

a. 当金属管配塑料盒时，塑料盒两端的管路应做好跨接接地线，以保证整个管路电气连续性；

b. 当塑料管配金属盒时，所有的金属盒均应接地。

18 套管长度不小于管外径2.2倍的问题

在管路敷设工程中经常有人问道：为什么规定套管长度不小于管外径的2.2倍？笔者查阅了相关规范的规定：

《电气装置安装工程电缆线路施工及验收规范》GB 50168—1992（已废止）第3.0.6条电缆管的连接应符合下列要求："套接的短套管或带螺纹的管接头的长度，不应小于电缆管外径的2.2倍"。在条文说明中解释"要求短管和管接头的长度不小于电缆管外径的2.2倍，是为了保证电缆管连接后的强度，这是根据施工单位的意见确定"。

在GB 50168-1992的替代版本，即GB 50168-2006（现行）中仍延续了相关的规定，第4.1.7条电缆管的连接应符合下列要求：套接的短套管或带螺纹的管接头的长度，不应小于电缆管外径的2.2倍。在条文说明中的解释与GB 50168-1992中一样。

在《电气装置安装工程 1kV及以下配线工程施工及验收规范》GB 50258—1996第2.2.4条钢管的连接应符合下列要求："采用套管连接时，套管长度宜为管外径的1.5~3倍"。在条文说明中没有对其进行解释。

GB 50258—1996在《建筑电气工程施工质量验收规范》GB 50303—2002实施后被废止。GB 50303-2002中对套管的长度没有提出要求。

在2010年12月1日实施的《1kV及以下配线工程施工与验收规范》GB 50575—2010，实际上是将已废止的GB 50258—1996进行恢复、修编，但名称和标准号全都变化了。

在GB 50575-2010中第4.2.4条钢导管的连接应符合下列规定："采用套管焊接时，套管长度不应小于管外径的2.2倍"。

通过以上情况可以看出，"套管长度不小于管外径2.2倍"的要求，是从GB 50168-1992对电缆管的要求逐步演变过来的，现在的情况是不仅仅是对电缆管的要求，而且也包括穿电线的钢导管，而没有了"套管长度宜为管外径的1.5~3倍"的要求了。

"套管长度不小于管外径2.2倍"的要求，通常是没有问题的。但是有的管径较大，而施工单位采购的成品套管，很多长度达不到要求，那是否可以用呢？从规范角度来说肯定是不行的，但实际上套管稍短其实对连接的可靠性是没有大的影响的，而且如果不采用成品套管，现场也没有制作的条件。笔者更倾向于《电气装置安装工程 1kV及以下配线工程施工及验收规范》GB 50258—1996的规定"套管长度宜为管外径的1.5~3倍"。

其实规范"套管长度不小于管外径2.2倍"的要求也是完全可以做到的，施工单位只要给套管的制造单位提出明确要求就可以了。

19 焊接钢管采用丝接时的管箍长度问题

在电气施工中，大量采用焊接钢管。焊接钢管有的采用套丝连接，尤其是镀锌焊接钢管规范要求不能熔焊连接，只能采用套丝连接。而套丝连接所用的管箍，在实际工程中其长度却是长短不一的，很多时候大家觉得太短，而电气施工与验收规范却没有像套管长度规定的那样明确。

《电气装置安装工程 电缆线路施工及验收规范》GB 50168-2006 第 4.1.7 条电缆管的连接应符合下列要求："套接的短套管或带螺纹的管接头的长度，不应小于电缆管外径的 2.2 倍"。从本规范的规定可以看出：连接电缆管的管箍，其长度要求不应小于管外径的 2.2 倍。如果按此规定，要求所有焊接钢管的连接管箍均不小于管外径的 2.2 倍，有的人可能会提出：我这是穿电线的焊接钢管，不是穿电缆的焊接钢管。那么，统一执行"2.2 倍"的要求，有没有困难呢？笔者认为确实存在一定的困难。电气工程采用的焊接钢管，实际上是借用的"水管"（即低压流体输送用焊接钢管），而与"水管"配套的管箍执行的是《锻制承插焊和螺纹管件》GB/T 14383-2008 的标准，对其具体规定如表 1-8 所示：

管箍尺寸（mm） **表 1-8**

公称尺寸	管箍长度 （端面至端面）	极限偏差	《低压流体输送用焊接钢管》 GB/T 3091-2008 规定的管外径
15	48	±1.5	21.3
20	51	±1.5	26.9
25	60	±2.0	33.7
32	67	±2.0	42.4
40	79	±2.0	48.3
50	86	±2.0	60.3
65	92	±2.5	76.1
80	108	±2.5	88.9
100	121	±2.5	114.3

从上表可以看出，只有公称直径 15mm 的管箍，其长度 48mm 可以达到管外径 2.2 倍（21.3×2.2=46.86mm）的要求，而其他公称尺寸的管箍均不能满足要求。

"水管"的管箍不是通丝的，电气所用的管箍由于穿线的需要必须是通丝的，如果按照符合标准要求的长度制造相应的通丝管箍，应该说从连接的可靠性上来讲肯定是没有问题，只是其长度不能满足“2.2倍”的要求。

通过以上情况，笔者认为，焊接钢管管箍的长度不必追求“2.2倍”，只要满足上表的要求就可以了。

20 人防工程穿过外墙、临空墙、防护密闭隔墙、密闭隔墙等穿墙套管的壁厚问题

人防工程施工均会涉及穿墙套管问题，但相关标准对壁厚的规定却并不完全一致，现将相关标准的规定分列如下：

（1）《人民防空地下室设计规范》GB 50038—2005 第7.4.3条规定“穿过外墙、临空墙、防护密闭隔墙和密闭隔墙的各种电缆（包括动力、照明、通信、网络等）管线和预留备用管，应进行防护密闭或密闭处理，应选用管壁厚不小于2.5mm的热镀锌钢管”。

（2）《人民防空工程施工及验收规范》GB 50134—2004 第10.1.2条规定：“给水管、压力排水管、电缆电线等的密闭穿墙短管，应采用壁厚大于3mm的钢管”。

（3）国家标准图集《防空地下室电气设备安装》07FD02 编制说明第6.3条规定：“在各个防空地下室出入口及连接通道口的防护密闭门门框墙及密闭门门框墙上应预埋4~6根备用管，管径为50~80mm，管材应采用热镀锌钢管，管壁厚度不小于2.5mm，并应符合防护密闭要求”。

从以上规范和图集的要求看，GB 50134—2004 的规定更严格，GB 50038—2005 和 07FD02 要求要低一些。所以具体执行哪个标准应请设计确认。

虽然相关标准对壁厚的规定不完全一致，在实际工程中其实并无实际影响，因为穿墙套管目前都执行《低压流体输送用焊接钢管》GB/T 3091-2008 的制造标准，而与穿墙套管（通常管径≥50mm）相关对应的壁厚，即使是普通钢管也能满足大于3mm的要求。如 GB/T 3091-2008 附录A中的表1-9所示。

钢管的公称口径与钢管的外径、壁厚对照表（mm）　　表1-9

公称口径	外　径	壁　厚	
		普通钢管	加厚钢管
6	10.2	2.0	2.5
8	13.5	2.5	2.8
10	17.2	2.5	2.8
15	21.3	2.8	3.5
20	26.9	2.8	3.5

续表

公称口径	外径	壁厚	
		普通钢管	加厚钢管
25	33.7	3.2	4.0
32	42.4	3.5	4.0
40	48.3	3.5	4.5
50	60.3	3.8	4.5
65	76.1	4.0	4.5
80	88.9	4.0	5.0
100	114.3	4.0	5.0
120	139.7	4.0	5.5
150	168.3	4.5	6.0

注：表中的公称口径系近似内径的名义尺寸，不表示外径减去两个壁厚所得的内径。

还应注意，GB/T 3091-2008 还规定了钢管壁厚的允许偏差为 ±10%。

21 人防工程穿墙套管密闭肋是否应镀锌问题

人防工程中采用的穿墙套管密闭肋很多都没有镀锌，在《人民防空工程施工及验收规范》GB 50134—2004 中也没有要镀锌的要求。但在《人民防空地下室设计规范》GB 50038—2005 相应的条文说明及国家标准图集《防空地下室电气设备安装》07FD02 中却又有密闭肋需要镀锌的要求，而且是热镀锌。07FD02 中密闭肋穿墙管示意图如图 1-1 所示：

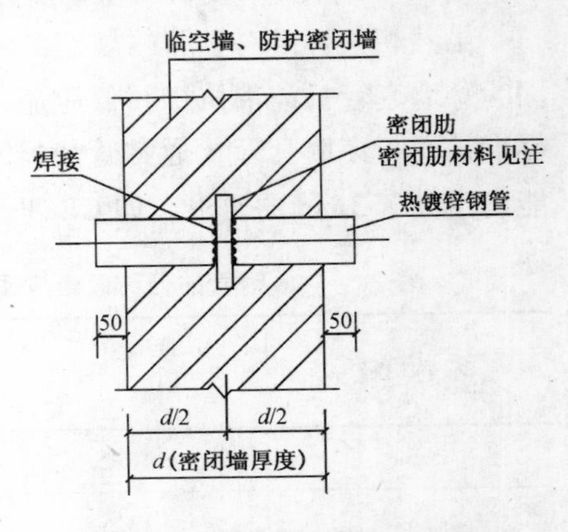

图 1-1　密闭肋穿墙管示意图

注：密闭肋为 3 ~ 10mm 厚的热镀锌钢板，与热镀锌钢管双面焊接，同时应与结构钢筋焊牢。

密闭肋镀锌或不镀锌，笔者认为：从防冲击波的角度看，应该没有什么区别；从耐久程度看，也没有大的区别，因为密闭肋是直接现浇在混凝土内部的。虽然如此，但笔者还是希望在施工前与电气设计人员沟通好，尽量满足 07FD02 的规定为好。

22 多根导线或电缆并联成束使用时，其载流量变化问题

在电气工程中，经常碰到给大容量设备供电时，采用多根导线或电缆并联使用的情况。有的项目还出现采用多根导线或电缆并联给大型设备供电后，发生导线或电缆温度过高的现象。那多根导线或电缆并联后，其载流量是如何变化的呢？例如：两根 120mm^2 的电缆并联与一根 240mm^2 电缆，载流量哪个更大一些？

有的技术人员认为：两根 120mm^2 的电缆并联后的载流量大。原因是由于集肤效应，电流更多的是从导体的表面流过的，导体内部流过的电流很少，而两根 120mm^2 电缆并联的导体表面积比 1 根 240mm^2 电缆的表面积大，所以认为两根 120mm^2 的电缆并联后的载流量大。

其实，集肤效应是指高频电流流过导体时主要是从表面流过的，所以高频设备有的是空心的。而我们电力设备一般都是 50Hz 的频率，是属于低频设备，而高频设备通常在 500Hz 以上。因此集肤效应这一说法，在低压供电系统中并不是很适用。

国家标准《建筑物电气装置　第 5 部分：电气设备的选择和安装　第 523 节：布线系统载流量》GB/T 16895. 15-2002 将电缆敷设方式分成几类，规定了不同敷设方式下成束电缆载流量的降低系数。如表 1-10 所示。

多回路或多根多芯电缆成束敷设时载流量降低系数　　　　**表 1-10**

<table>
<tr><th rowspan="2">项目</th><th rowspan="2">排列（电缆相互接触）</th><th colspan="12">回路数或多芯电缆数</th><th rowspan="2">使用的载流量表和参考敷设方式</th></tr>
<tr><th>1</th><th>2</th><th>3</th><th>4</th><th>5</th><th>6</th><th>7</th><th>8</th><th>9</th><th>12</th><th>16</th><th>20</th></tr>
<tr><td>1</td><td>嵌入式或封闭式成束敷设在空气中的一个表面上</td><td>1.00</td><td>0.80</td><td>0.70</td><td>0.65</td><td>0.60</td><td>0.57</td><td>0.54</td><td>0.52</td><td>0.50</td><td>0.45</td><td>0.41</td><td>0.38</td><td>52-C1 至52-C12，敷设方式 A 至 F</td></tr>
<tr><td>2</td><td>单层敷设在墙、地板或无孔托盘上</td><td>1.00</td><td>0.85</td><td>0.79</td><td>0.75</td><td>0.73</td><td>0.72</td><td>0.72</td><td>0.71</td><td>0.70</td><td colspan="3" rowspan="2">多于 9 个回路或 9 根多芯电缆不再减小降低系数</td><td rowspan="2">52-C1 至 52-C6，敷设方式 C</td></tr>
<tr><td>3</td><td>单层直接固定在木质天花板下</td><td>0.95</td><td>0.81</td><td>0.72</td><td>0.68</td><td>0.66</td><td>0.64</td><td>0.63</td><td>0.62</td><td>0.61</td></tr>
</table>

续表

项目	排列（电缆相互接触）	回路数或多芯电缆数												使用的载流量表和参考敷设方式
		1	2	3	4	5	6	7	8	9	12	16	20	
4	单层敷设在水平或垂直的有孔托盘上	1.00	0.88	0.82	0.77	0.75	0.73	0.73	0.72	0.72	多于9个回路或9根多芯电缆不再减小降低系数			52-C7至52-C12，敷设方式E和F
5	单层敷设在梯架或夹板上	1.00	0.87	0.82	0.80	0.80	0.79	0.79	0.78	0.78				

注：1. 这些系数适用于尺寸和负荷相同的电缆束。

2. 相邻电缆水平间距超过了2倍电缆外径时，则不需要降低。

3. 下列情况使用同一系数

——由二根或三根单芯电缆组成的电缆束；多芯电缆。

4. 假如系统中同时有2芯和3芯电缆，以电缆总数作为回路数，两芯电缆作为两根带负荷导体，三芯电缆作为三根带负荷导体查取表中相应系数。

5. 假如电缆束中含有 n 根单芯电缆，它可考虑为 $n/2$ 回两根负荷导体回路，或 $n/3$ 回三根负荷导体回路。

6. 所给值是采用表52-C1至52-C12中含有的导体截面和敷设方式范围内的平均值，表中各值的总体误差在±5%以内。

7. 对于某些敷设方式和上面表中没提及的特殊方法，可适当使用针对具体情况计算得出的校正系数，参见范例52-E4和52-E5表。

表1-10列出了5种敷设方式的电缆载流量降低系数，常用的穿管敷设方式应按第1项确定载流量降低系数；在线槽内敷设应按第2项确定载流量降低系数。需要说明的是：在线槽内敷设尽量避免电缆多层敷设，否则载流量下降太多，很不经济。

由以上的情况可知，多根电缆并联成束敷设，由于散热条件的影响，并联的电缆根数越多，对其载流量影响越大。

23 强弱电线路间距问题

在电气施工中经常碰到强弱电线路之间的间距问题，通常认为间距不够大，强电线路会对弱电线路产生干扰，影响弱电线路和设备的正常运行。

《住宅装饰装修工程施工规范》GB 50327—2001第16.3.6条规定“电源线及插座与电视线及插座的水平间距不应小于500mm”。

《综合布线系统工程验收规范》GB 50312—2007第5.1.1条规定：电源线、

综合布线系统缆线应分隔布放，并应符合表1-11的规定。

对绞电缆与电力电缆最小净距　　表1-11

条　　件	最小净距（mm）		
	380V <2kV·A	380V2～5kV·A	380V >5kV·A
对绞电缆与电力电缆平行敷设	130	300	600
有一方在接地的金属槽道或钢管中	70	150	300
双方均在接地的金属槽道或钢管中②	10①	80	150

①当380V电力电缆<2kV·A，双方都在接地的线槽中，且平行长度≤10m时，最小间距可为10mm。

②双方都在接地的线槽中，系指两个不同的线槽，也可在同一线槽中用金属板隔开。

《低压电气装置　第4-44部分：安全防护　电压骚扰和电磁骚扰防护》GB/T 16895.10-2010/IEC 60364-4-44:2007第444.6.2条（设计导则）规定：电力电缆和信息技术电缆平行时，以下内容适用，如图1-2和图1-3所示。

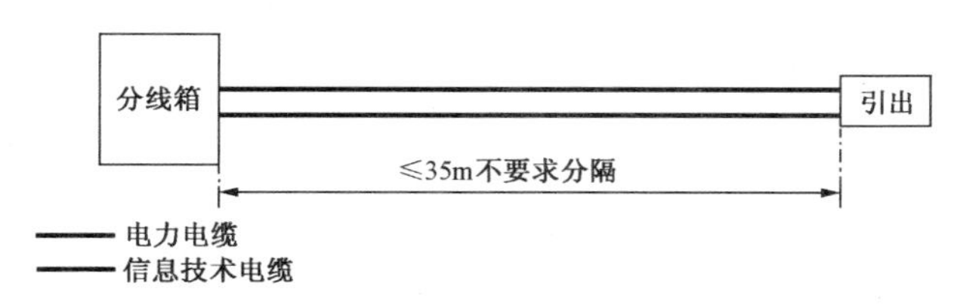

图1-2　电缆路由长度≤35m，电力和信息技术电缆间的分隔

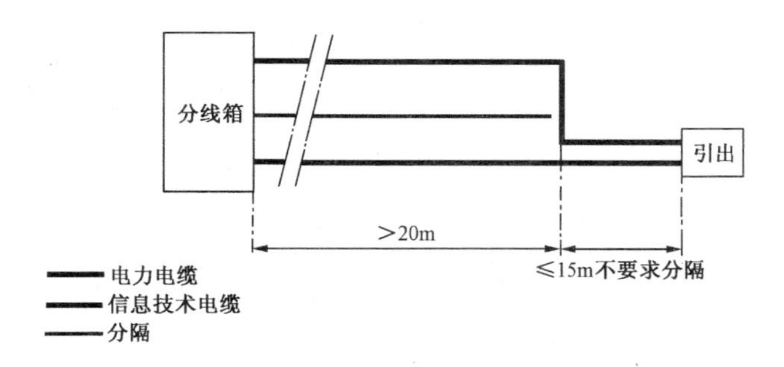

图1-3　电缆路由长度>35m，电力和信息技术电缆间的分隔

若平行电缆的长度不大于35m，不要求进行分隔。

若非屏蔽电缆平行电缆长度大于35m，距末段15m以外全部长度应有分隔间距（注：隔离可用诸如在空中分隔间距为30mm或在电缆间安装金属隔板来获得）。

从以上三个标准来看，对强弱电线路之间间距的规定还是有很大的差异。在实际工程中，《住宅装饰装修工程施工规范》GB 50327—2001 规定的“电源线及插座与电视线及插座的水平距离不应小于500mm”的要求，由于安装效果的需要，往往很多情况下不能满足。从收视效果看，没有造成任何影响。

《综合布线系统工程验收规范》GB 50312—2007 是信息技术的专业规范，表1-11 规定的“对绞电缆与电力电缆最小净距”，多数情况下是可以满足要求，但线路末端部分，尤其是在开敞式办公场所的工位部分，由于办公家具的敷设线路条件的限制，往往也不满足要求。从办公人员的反映看，在使用信息技术设备时基本上也未受到影响。

《低压电气装置 第4-44部分：安全防护 电压骚扰和电磁骚扰防护》GB/T 16895.10-2010/IEC 60364-4-44:2007 是将最新的 IEC 标准转化来的国标，而 ICE 标准相关条文的规定是根据大量试验来获得的，因此，其规定是毋庸置疑的，从以上两个标准指:《住宅装饰装修工程施工规范》GB 50327—2001 和《综合布线系统工程验收规范》GB 50312—2007 现有的情况，不能满足其规定时，而也未造成影响也可以佐证 IEC 标准的正确性。

综上所述，笔者认为：在实际工程中的固定线路敷设，其间距应满足《综合布线系统工程验收规范》GB 50312—2007 中的规定，在其末端不可避免的局部也不必强求。

第二章　电气设备、材料常见问题

1　电气产品“CCC”认证问题

“CCC”是中国强制性产品认证的英文缩写。凡列入强制性产品认证目录内的产品，必须经国家指定的认证机构认证合格，取得相关证书并加施认证标志后，方能出厂、进口、销售和在经营服务场所使用。目前的“CCC”认证标志分为如下四类，分别为：(1)CCC + S 安全认证标志；(2)CCC + EMC 电磁兼容类认证标志；(3)CCC + S&E 安全与电磁兼容认证标志；(4)CCC + F 消防认证标志。

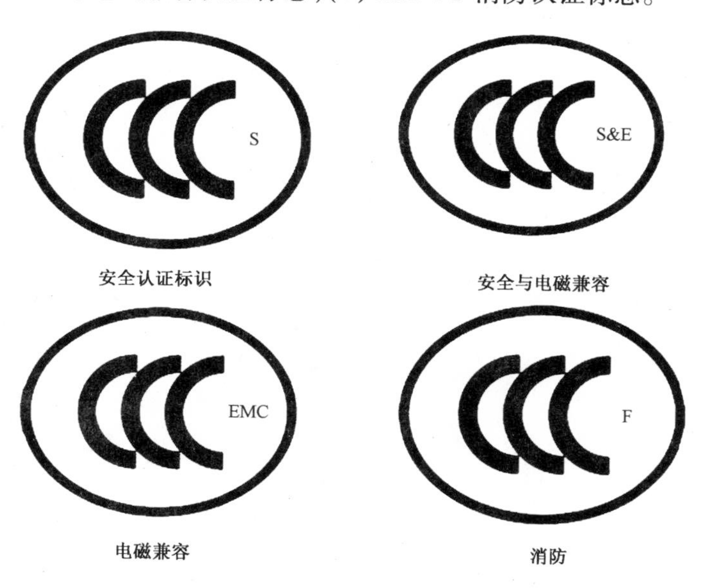

图 2-1　“CCC”认证标志

“CCC”标志一般贴在产品上面，或通过模压压在产品上。

2009 年 9 月 1 日实施的《强制性产品认证管理规定》（国家质量监督检验检疫总局 117 号令）第二十二条明确：“认证证书有效期为 5 年”。

认证机构应当根据其对获证产品及其生产企业的跟踪检查的情况，在认证证书上注明年度检查有效状态的查询网址和电话。

认证证书有效期届满，需要延续使用的，认证委托人应当在认证证书有效期届满前90天内申请办理。

目前国家实施强制性产品认证的产品已发布6批。第一批和第三批涉及电气专业的相关产品，建筑工程中常用的电线电缆、低压电器、开关插座、灯具、镇流器、低压成套配电箱柜、接线盒、消防产品、安全技术防范产品等均在认证范围之内。

2 电线电缆阻燃、耐火类别及性能等问题

在建筑电气设计中，经常采用阻燃或耐火电线、电缆，但不明确具体是哪一类别。《阻燃和耐火电线电缆通则》GB/T 19666-2005根据产品燃烧特性，对电线、电缆按照阻燃系列、耐火系列及有卤、无卤低烟划分成了A、B、C、D四类，如表2-1所示。

现行产品燃烧特性代号 **表2-1**

系列名称		代号	名称
阻燃系列	有卤	ZA	阻燃A类
		ZB	阻燃B类
		ZC	阻燃C类
		ZD	阻燃D类
	无卤低烟	WDZ	无卤低烟阻燃
		WDZA	无卤低烟阻燃A类
		WDZB	无卤低烟阻燃B类
		WDZC	无卤低烟阻燃C类
		WDZD	无卤低烟阻燃D类
耐火系列	有卤	N	耐火
		ZAN	阻燃A类耐火
		ZBN	阻燃B类耐火
		ZCN	阻燃C类耐火
		ZDN	阻燃D类耐火
	无卤低烟	WDZN	无卤低烟阻燃耐火
		WDZAN	无卤低烟阻燃A类耐火
		WDZBN	无卤低烟阻燃B类耐火
		WDZCN	无卤低烟阻燃C类耐火
		WDZDN	无卤低烟阻燃D类耐火

由于电线、电缆划分了多个类别，每种类别的性能差异较大，其制造成本必然有较大的差别，因此，选用阻燃、耐火，电线、电缆应明确其类别，既要满足使用功能要求，又要考虑合理成本。

下面介绍一下表中涉及的阻燃、耐火、无卤、低烟等几个概念：

阻燃：在规定试验条件下，试样被燃烧，在撤去火源后，火焰在试样上的蔓延仅在限定范围内并且自行熄灭的特性，即具有阻止或延缓火焰发生或蔓延的能力。

耐火：在规定的火焰和时间下燃烧时能持续地在指定状态下运行的能力，即保持线路完整性的能力。

无卤：不含卤素，燃烧产物的腐蚀性较低。

低烟：燃烧时产生的烟尘较少，即透光率（能见度）较高。

按《阻燃和耐火电线电缆通则》GB/T 19666-2005 的规定：

阻燃 A 类和 B 类在持续供火时间为 40min 的条件下，停止供火后有焰燃烧时间不能超过 1h。阻燃 C 类和 D 类在持续供火时间为 20min 的条件下，停止供火后有焰燃烧时间不能超过 1h。

耐火电线电缆在供火温度为 750℃ ~800℃时，应可连续工作 1.5h。

3 电线、电缆见证取样其截面如何判定的问题

《建筑节能工程施工质量验收规范》GB 50411—2007 第 12.2.2 条规定：低压配电系统选择的电缆、电线截面不得低于设计值，进场时应对其截面和每芯导体电阻值进行见证取样送检。每芯导体电阻值应符合表 2-2 的规定。

不同标称截面的电缆、电线每芯导体最大电阻值　　表 2-2

标称截面（mm^2）	20℃时导体最大电阻（Ω/km）圆铜导体（不镀金属）	标称截面（mm^2）	20℃时导体最大电阻（Ω/km）圆铜导体（不镀金属）
0.5	36.0	35	0.524
0.75	24.5	50	0.387
1.0	18.1	70	0.268
1.5	12.1	95	0.139
2.5	7.41	120	0.153
4	4.61	150	0.124
6	3.08	185	0.0991（0.101）
10	1.83	240	0.0754（0.0775）
16	1.15	300	0.0601（0.0620）
25	0.727		

注：括号内数值为《电缆的导体》GB/T 3956-2008 中的数值，与原标准稍有差异。

在实际电线、电缆见证送检取样过程中，检测机构对导体电阻依据《电缆的导体》GB/T 3956-2008 给出是否合格的明确判定，但多数检测机构不对电线、

电缆的截面直接给出合格还是不合格的判定，但有的建筑工程质量监督机构则要求必须给出。所以有的检测机构为了满足建筑工程质量监督机构的要求，直接写上符合要求，而不写明具体截面。

在《电缆的导体》GB/T 3956-2008 中，没有给出电线、电缆的标准截面及正负偏差，因此判断截面是否合格有一定的难度。在标准中给出了最大直径的要求，综合摘录如表2-3所示：

圆形铜导体的最大直径　　表2-3

截面积（mm^2）	最大直径（mm）	截面积（mm^2）	最大直径（mm）
0.5	0.9	35	6.7
0.75	1.0	50	7.8
1.0	1.2	70	9.4
1.5	1.5	95	11.0
2.5	1.9	120	12.4
4	2.4	150	13.8
6	2.9	185	15.4
10	3.7	240	17.6
16	4.6	300	19.8
25	5.7	400	22.2

注：标称截面 $25mm^2$ 及以上的实心铜导体用于特殊类型的电缆，如矿物绝缘电缆，而非一般用途。

特别说明，标准中对 $6mm^2$ 及以下的导体没有提及任何最小直径的要求，而对 $10mm^2$ 及以上的导体，标准规定的原则是：如果要求圆形导体的最小直径，可参照表2-4所示：

圆形铜导体的最小直径　　表2-4

截面积（mm^2）	最小直径（mm）	截面积（mm^2）	最小直径（mm）
10	3.4	120	11.6
16	4.1	150	12.9
25	5.2	185	14.5
35	6.1	240	16.7
50	7.2	300	18.8
70	8.7	400	21.2
95	10.3		

注：标称截面 $25mm^2$ 及以上的实心铜导体用于特殊类型的电缆，如矿物绝缘电缆，而非一般用途。

从以上情况可知，6mm² 及以下圆形铜导体标准只有最大直径的要求，而无最小直径的要求，因此，即使通过测量导体直径换算成截面积，也无法判定截面是否合格。10mm² 及以上的圆形铜导体，如果要求圆形导体的最小直径，可参照上表，但不是强制性规定。

4 电缆桥架执行标准问题

关于电缆桥架的标准，常见的有两个，一个是机械行业标准《电控配电用电缆桥架》JB/T 10216-2000，一个是中国工程建设标准化协会标准《钢制电缆桥架工程设计规范》CECS 31:2006。其适用范围 JB/T 10216-2000 和 CECS 31:2006 分别是这样描述的："本标准适用于工业与民用建筑室内外、高低压输配电工程的电缆桥架" 和 "本规范适用于工业与民用建筑中桥架工程的设计、施工以及桥架制造、试验和检测"。从适用范围看 CECS 31:2006 的适用范围更广。两规范在桥架的技术要求上也存在一定的差异，最为突出的是最常见的钢制托盘、梯架板材的最小允许厚度，分别如表 2-5 和表 2-6 所示：

钢制托盘、梯架允许最小板厚
（JB/T 10216-2000） **表 2-5**

托盘、梯架宽度 B（mm）	允许最小板厚（mm）
$B<100$	1
$100\leqslant B<150$	1.2
$150\leqslant B<400$	1.5
$400\leqslant B\leqslant 800$	2
$B>800$	2.5

钢制托盘、梯架允许最小板厚
（CECS 31:2006） **表 2-6**

托盘、梯架宽度 B（mm）	允许最小板厚（mm）
$B\leqslant 150$	1
$150<B\leqslant 300$	1.2
$300<B\leqslant 500$	1.5
$500<B\leqslant 800$	2
$B>800$	2.2

具体在实际工程中应如何来执行呢？从目前工程上看到的国家认可的检测机构出具的检验报告，其检测依据均是 JB/T 10216-2000，还没有看到检测依据执行 CECS 31:2006 标准的。在工程设计中，设计人员一般也不明确桥架板厚。在实际工程中，应在桥架招标文件中或加工订货之前明确相应规格桥架的具体板厚，并请设计人员进行确认。考虑到工程实际应用中存在一定的不确定性，桥架内线缆通常超过其填充率，建议采用要求更高的 JB/T 10216-2000 标准更为稳妥。

补充说明，JB/T 10216-2000 标准还规定：桥架连接板的厚度至少为桥架本体板厚，也可选厚一个等级；桥架盖板可按桥架本体厚度选低一个等级。

5 镀锌电缆桥架和热镀锌板电缆桥架问题

电缆桥架的制造一般遵循《电控配电用电缆桥架》JB/T 10216-2000 的规定，但近几年出现了一种新型的桥架，称为热镀锌板桥架。

按 JB/T 10216-2000 规定，镀锌电缆桥架分为热浸镀锌和电镀锌两类，镀锌层厚度分别为：大于等于 65μm 和大于等于 12μm。而热镀锌板的镀锌层厚度据了解没有明确规定，目前看到的国家认可的检测机构出具的检验报告，其检测依据是 JB/T 10216-2000，对“表面防护层厚度”一栏，标准值也是 JB/T 10216-2000 规定的大于等于 65μm。虽然对厚度进行了检测，如：检测结果为 12μm，但是否合格不予判定。

经查，热镀锌板遵循的制造标准为《连续热镀锌钢板及钢带》GB/T 2518-2008，其对镀层的要求是以质量/平方米的形式进行规定的。如表 2-7 所示：

公称镀层质量及相应的镀层代号 表 2-7

镀层种类	镀层重量（g/m^2）	镀层代号
Z（热镀纯锌镀层）	60	60
	80	80
	100	100
	120	120
	150	150
	180	180
	200	200
	220	220
	250	250
	275	275
	350	350
	450	450
	600	600

按《钢制电缆桥架工程设计规范》CECS 31：2006 规定：桥架镀锌层厚 ≥65μm（460g/m^2）。镀层厚度 65μm 折算成重量相当于 460g/m^2。

结合上表可以看出，能够达到 JB/T 10216-2000 和 CECS 31：2006 要求的热浸镀锌层厚度或重量的只有镀层代号为 600 的热镀锌板才能满足规范要求，镀层代号为450的比较接近。其他代号的热镀锌板镀锌层厚度则有较大的差距，其防腐性能相对于标准要求（大于等于65μm（460g/m^2））毋庸置疑同样会相应下降。

下面介绍一下镀锌层厚度的计算方法：

《钢制电缆桥架工程设计规范》CECS 31:2006附录C给出了镀锌层厚度的计算公式：

$$\delta = A/\rho$$

式中 δ——镀锌层厚度（μ/m）；

A——附着量（g/m^2）；

ρ——镀锌层密度（g/cm^3），ρ取值为7。

上文提到的460g/m^{2}即为附着量。

最后明确一下热浸镀锌和电镀锌的概念：

热浸镀锌是先将钢板进行酸洗，为了去除钢板表面的氧化铁，酸洗后，通过氯化铵或氯化锌水溶液或氯化铵和氯化锌混合水溶液槽中进行清洗，然后送入热浸镀槽中，使熔融锌金属与铁基体反应而产生合金层，从而使基体和镀层二者相结合。热浸镀锌具有镀层均匀、附着力强、使用寿命长等优点。

电镀锌是利用电解，在制件表面形成均匀、致密、结合良好的金属或合金沉积层的过程。

6 线槽的耐火性能问题

电气工程中经常会碰到“防火线槽”或“耐火线槽”，尤其是涉及与消防工程有关的管路或线槽。其实，“防火线槽”或“耐火线槽”只是一种通常的叫法，在相关标准中并没有专门的术语。但从消防角度理解，它们应该均是具有一定耐火性能的线槽，在火灾情况下，它们应能维持一定的时间，而不致使其内部的线路受到损坏。

在实际工程中，电气设计对线槽的耐火性能所提的要求也是差别很大。有的设计图纸只要求线槽外壳刷防火涂料，对于防火涂料的性能及涂刷的厚度都不提要求；有的设计图纸要求得比较规范，明确提出了火灾情况下的维持工作时间。

我们先来看看相关标准的规定。

《电控配电用电缆桥架》JB/T 10216-2000中是这样规定的，如表2-8所示：

耐火电缆桥架的耐火等级及其代号 **表2-8**

耐火等级代号	N1	N2	N3
维持工作时间（min）	≥30	≥45	≥60

《耐火电缆槽盒》GA 479-2004 中 5.5 耐火性能是这样规定的：槽盒的耐火性能应满足：Ⅰ级耐火维持工作时间≥60min，Ⅱ级耐火维持工作时间≥45min，Ⅲ级耐火维持工作时间≥30min。

从上面两个标准的规定可以看出，虽然其分类有所不同，JB/T 10216-2000 按 N1、N2、N3 进行分类；GA 479-2004 按Ⅰ、Ⅱ、Ⅲ级进行分类，但其共同之处，也是最重要的方面是：都对火灾情况下的维持工作时间提出了要求，分别为大于等于 30min、大于等于 45min、大于等于 60min。

《高层民用建筑设计防火规范》GB 50045—95（2005 年版）第 9.1.4 条规定：

消防用电设备的配电线路应满足火灾时连续供电的需要，其敷设应符合下列规定：敷设时，应穿管并应敷设在不燃烧结构内且保护层厚度不应小于 30mm；明敷设时，应穿有防火保护的金属管或有防火保护的封闭式金属线槽。

对于此条中的防火保护，在条文说明中是这样解释的：当采用明敷时，要求做到：必须在金属管或金属线槽上涂防火涂料进行保护，以策安全。这可能就是有的设计图纸只要求线槽外壳刷防火涂料，对于防火涂料的性能及涂刷的厚度都不提要求的原因。

针对以上情况，笔者认为：要求有防火保护的线槽，其内敷设的线路一般都为消防线路，为确保在火灾情况下，其线路仍需继续工作一段时间，应按《电控配电用电缆桥架》JB/T 10216-2000 或《耐火电缆槽盒》GA 479-2004 的规定，明确在火灾时需继续维持工作的具体时间。关于维持工作时间是大于等于 30min、大于等于 45min 还是大于等于 60min，应由设计人员根据工程的具体情况进行确定。

某一种线槽的耐火性能是否能够达到《电控配电用电缆桥架》JB/T 10216-2000 或《耐火电缆槽盒》GA 479-2004 所规定的维持工作时间，应由国家认可的检验机构进行相应的耐火试验，取得相应的检验报告。而现场用防火涂料涂刷的线槽，其耐火性能能否达到要求难以进行判断。

7 配电箱、柜内采用黄铜排问题

有一些工程项目的配电箱、柜到现场后，无意中发现箱、柜内的镀锡的 N 排和 PE 排采用的是“黄铜排”，不是“紫铜排”，厂家解释说招标文件没有规定。那“黄铜排”能不能在配电箱、柜内应用呢？

在电气技术人员多年形成的概念中，电工用铜通常都是“紫铜”，不应是“黄铜”。通过此事，笔者查阅相关的制造标准发现“紫铜”和“黄铜”是有很大差别的。

在国家标准《电工用铜、铝及其合金母线　第1部分：铜和铜合金母线》GB/T 5585.1-2005 规定了铜和铜合金母线的化学成分，如表2-9所示：

铜和铜合金母线化学成分　　表2-9

型　号	名　称	化学成分（%）	
		铜加银不小于	其中含银
TM	铜　线	99.90	—
TH11M	一类银铜合金母线	99.90	0.08～0.15
TH12M	二类银铜合金母线	99.90	0.16～0.25

在国家标准《加工铜及铜合金化学成分和产品形状》GB/T 5231-2001 规定了黄铜的化学成分，表2-10列出了普通黄铜的主要化学成分。

普通黄铜主要化学成分　　表2-10

组别	牌　号		主要化学成分%					
	名称	代号	Cu	Fe	Pb	Ni	Zn	杂质总和
普通黄铜	96黄铜	H96	95.0～97.0	0.10	0.03	0.5	余量	0.2
	90黄铜	H90	88.0～91.0	0.10	0.03	0.5	余量	0.2
	85黄铜	H85	84.0～86.0	0.10	0.03	0.5	余量	0.3
	80黄铜	H80	79.0～81.0	0.10	0.03	0.5	余量	0.3
	70黄铜	H70	68.5～71.5	0.10	0.03	0.5	余量	0.3
	68黄铜	H68	67.0～70.0	0.10	0.03	0.5	余量	0.3
	65黄铜	H65	63.5～68.0	0.10	0.03	0.5	余量	0.3
	63黄铜	H63	62.0～65.0	0.15	0.08	0.5	余量	0.5
	62黄铜	H62	60.5～63.5	0.15	0.08	0.5	余量	0.5
	59黄铜	H59	57.0～60.0	0.3	0.5	0.5	余量	1.0

其他类加工黄铜含铜量表2-11所示：

从表2-11可以看出，普通黄铜的含铜量在57%～97%；镍黄铜含铜量在54%～67%之间；铅黄铜含铜量在57%～90.5%之间；加砷黄铜含铜量在67%～71.5%之间；锡黄铜含铜量在59%～91%之间；铝黄铜含铜量在57%～79%之间；锰黄铜含铜量在53%～63%之间；铁黄铜含铜量在56%～60%之间；硅黄铜含铜量在79%～81%之间。

其他类加工黄铜含铜量 表2-11

组别	牌号		含铜量（%）	组别	牌号		含铜量（%）
	名称	代号			名称	代号	
镍黄铜	65-5镍黄铜	HNi65-5	64.0～67.0	铝黄铜	77-2铝黄铜	HA177-2	76.0～79.0
	56-3镍黄铜	HNi56-3	54.0～58.0		67-2.5铝黄铜	HA167-2.5	66.0～68.0
铅黄铜	89-2铅黄铜	HPb89-2	87.5～90.5		66-6-3-2铝黄铜	HA166-6-3-2	64.0～68.0
	66-0.5铅黄铜	HPb66-0.5	65.0～68.0		61-4-3-1铝黄铜	HA161-4-3-1	59.0～62.0
	63-3铅黄铜	HPb63-3	62.0～65.0		60-1-1铝黄铜	HA160-1-1	58.0～61.0
	63-0.1铅黄铜	HPb63-0.1	61.5～63.5		59-3-2铝黄铜	HA159-3-2	57.0～60.0
	62-0.8铅黄铜	HPb62-0.8	60.0～63.0	锰黄铜	62-3-3-0.7锰黄铜	HMn62-3-3-0.7	60.0～63.0
	62-3铅黄铜	HPb62-3	60.0～63.0		58-2锰黄铜	HMn58-2	57.0～60.0
	62-2铅黄铜	HPb62-2	60.0～63.0		57-3-1锰黄铜	HMn57-3-1	55.0～58.5
	61-1铅黄铜	HPb61-1	58.0～63.0		55-3-1锰黄铜	HMn55-3-1	53.0～58.0
	60-2铅黄铜	HPb60-2	58.0～61.0	锡黄铜	90-1锡黄铜	HSn90-1	88.0～91.0
	59-3铅黄铜	HPb59-3	57.5～59.5		70-1锡黄铜	HSn70-1	69.0～71.0
	59-1铅黄铜	HPb59-1	57.0～60.0		62-1锡黄铜	HSn62-1	61.0～63.0
加砷黄铜	85A加砷黄铜	H85A	84.0～86.0		60-1锡黄铜	HSn60-1	59.0～61.0
	70A加砷黄铜	H70A	68.5～71.5	铁黄铜	59-1-1铁黄铜	HFe59-1-1	57.0～60.0
	68A加砷黄铜	H68A	67.0～70.0		58-1-1铁黄铜	HFe58-1-1	56.0～58.0
硅黄铜	80-3硅黄铜	HSi80-3	79.0～81.0				

由此可知，各种黄铜的含铜量与电工用铜的含铜量均有差别，有的差别还很大，其性能不能达到电工用铜的标准，因此不能用黄铜代替电工用铜。

8 成套配电箱、柜内PE汇流排的截面积问题

成套配电箱、柜内一般均设有PE汇流排，但PE汇流排的截面积应按多少考虑是正确的呢？有的电源进线（电线、电缆或母排）的PE线截面积较大，而端子排截面积较小，经常出现PE线接续端子大，而PE汇流排压线端子小，导

致一个小截面积的汇流排上压接一个大截面积的接续端子的现象。配电箱、柜的国家制造标准《低压成套开关设备和控制设备　第1部分：型式试验和部分型式试验成套设备》GB 7251.1-2005/IEC 60439-1:1999规定了成套箱、柜内PE汇流排的最小截面积，如表2-12所示。

保护导体的最小截面积　　**表2-12**

相导体的截面积 S (mm^2)	保护导体的截面积 S_P (mm^2)	相导体的截面积 S (mm^2)	保护导体的截面积 S_P (mm^2)
$S \leqslant 16$	S	$400 < S \leqslant 800$	200
$16 < S \leqslant 35$	16	$800 < S$	$S/4$
$35 < S \leqslant 400$	$S/2$		

需要说明是：只有在保护导体的材料与相导体的材料相同时，表中的值才有效。如果材料不同，保护导体截面积的确定要使之达到与上表相同的导电效果。

9　配电箱（柜）内绝缘材料阻燃性能的问题

一些建筑工程中，质量监督机构监督人员在监督抽查和验收时多次提出“配电箱、柜内螺旋管、防触电保护板不阻燃”的问题，并要求整改。《低压固定封闭式成套开关设备》JB/T 5877-2002第3.1.6条也明确规定：设备中所使用的绝缘材料都应是自熄性或阻燃性的，因此，这一问题应引起电气技术人员足够的重视，在设备订货前或招投标阶段就应提出明确要求，设备到场后也应进行检查。

10　配电箱、柜钢板厚度和IK代码问题

在配电箱、柜招标文件的技术要求中，经常看到类似“箱（柜）体的钢板采用冷轧钢板，厚度不应小于2.0mm”的规定。在工程上也经常有这种情况：配电箱、柜到现场后，电气监理人员也比较关注箱（柜）体的厚度，感觉有的箱（柜）体比较薄，但又苦于找不到准确的依据。关于配电箱（柜）钢板的厚度是否有明确的规定呢？先看下面两个标准的规定：

《施工现场临时用电安全技术规范》JGJ 46—2005中规定：配电箱、开关箱应采用冷轧钢板或阻燃绝缘材料制作，钢板厚度应为1.2～2.0mm，其中开关箱箱体钢板厚度不得小于1.2mm，配电箱箱体钢板厚度不得小于1.5mm，箱体表面应做防腐处理。

国家标准图集《用户终端箱》05D702-4 在说明中规定：箱体采用不小于 2.0mm 厚冷轧钢板。

以上两个标准虽然提出了配电箱（柜）钢板厚度的规定。但笔者认为只能作为参考，因为国家关于箱（柜）体的制造标准，并没有从钢板厚度上直接提出要求。配电箱（柜）体的制造应执行《低压成套开关设备和控制设备 空壳体的一般要求》GB/T 20641-2006/IEC 62208:2002。采用的钢板厚度不同，意味着其机械强度的不同，为了保证箱（柜）体达到一定的机械强度，GB/T 20641-2006 采用的是：外部机械撞击防护等级（IK）的表示方法。IK 代码和撞击能量之间的关系如表 2-13 所示。

IK 代码和撞击能量之间的关系 **表 2-13**

IK 代码	IK00	IK01	IK02	IK03	IK04	IK05	IK06	IK07	IK08	IK09	IK10
撞击能量（J）	a	0.14	0.2	0.35	0.5	0.7	1	2	5	10	20

a 根据该标准不需保护

注：当要求较高撞击能量时，建议撞击能量值为 50J。

GB/T 20641-2006 还规定：

验证机械撞击防护等级应根据 IEC 62262，而且按照 IEC 60068-2-75 的规定用适合壳体尺寸的试验锤进行试验。

壳体应像正常使用一样固定在刚性支撑体上。

应按照上表施加撞击能量：

——对最大尺寸不超过 1m 的正常使用的每个外露面冲击三次；

——对最大尺寸超过 1m 的正常使用的每个外露面冲击五次。

壳体部件（如：锁、铰链等）不进行此试验。

该撞击应平均分布在壳体的表面。

试验后，壳体 IP 代码和介电强度不变；可移式覆板可以移开和装上，门可以打开和关闭。

因此，通过以上的介绍可知，配电箱（柜）的机械强度应通过 IK 来进行反映，如直接规定钢板厚度，并不一定符合制造标准的要求。

有一个问题值得我们注意：对于配电箱、柜在加工订货前如何确定 IK，即如何确定 IK00～IK10 中的一种？笔者认为应综合考虑具体情况及制造标准，提出符合 GB/T 20641-2006 规定的 IK。制造商加工后通过实验，给出具体配电箱、柜机械撞击防护等级（IK）。

11 封闭母线槽重要技术参数——极限温升问题

（1）极限温升和极限温度的概念

极限温升即极限允许温升：是指在额定工作制下，设备的极限允许温度与发热试验规定的周围环境温度之差值。

极限温度极限允许温度：是指在额定工作制下，设备所允许达到的最高温度。

（2）母线槽极限允许温度的规定

根据《低压成套开关设备和控制设备　第1部分：型式试验和部分型式试验成套设备》GB 7251.1-2005的规定：用于连接外部绝缘导线的端子，其温升限值为70K。《低压成套开关设备和控制设备　第2部分：对母线干线系统（母线槽）的特殊要求》GB 7251.2-2006的规定：母线槽外壳（金属）表面的允许温升限值为25K。此温升限值是在周围环境温度不超过40℃，且在24h内平均温度不超过35℃条件下给定的。因此，母线槽的极限允许温度应分两种情况：①母线槽连接外部绝缘导线的端子的极限允许温度为：40+70=110℃；②母线槽外壳表面的极限允许温度为：40+25=65℃。也就是说母线槽连接外部绝缘导线的端子和母线槽外壳表面的允许温度不能超过110℃和65℃。

（3）关于母线槽温升值：55K、70K、90K等的含义问题

现在市场上有的母线槽厂家称，其生产的母线槽温升值有55K、70K、90K等多种，这种说法其真正的含义是什么？应该是母线槽内部导体的温升值。因为GB 7251.2-2006规定：母线槽外壳表面的允许温升限值为25K，不可能出现55K、70K、90K的情况，因此55K、70K、90K的说法，不是指外壳的允许温升值。那是不是母线槽连接外部绝缘导线的端子的温升值呢？由GB 7251.1-2005可知：用于连接外部绝缘导线的端子，其温升限值为70K。所以说也不应该是母线槽连接外部绝缘导线的端子的允许温升值，只能是母线槽内部导体的温升值。有一个问题应该注意，母线槽内部导体包覆的绝缘材料不同，其导体的温升值可以超过70K，但其外接端子的温升值不能超过70K。

此处，需要说明，℃和K均是温度的计量单位，℃为摄氏度，K为绝对温度，1℃=1K。

（4）关于母线槽的载流能力问题

在电气安装工程中，经常提到母线槽的额定电流。其额定电流应是极限温升下的额定电流。例如：某一额定电流为2000A的母线槽，其含义是：极限温升（例如，环境温度为40℃）下的载流为2000A。当环境温度低于40℃，其载流能力将大于2000A；当环境温度高于40℃，其载流能力将小于2000A。所以，在说

母线槽的载流能力时，一定是针对在某极限温升的条件下而言的。

（5）母线槽内的铜导体截面积相等，为什么载流能力却不一样？

主要有以下几方面原因：

①集肤效应原因

集肤效应又叫趋肤效应，当交变电流通过导体时，电流将集中在导体表面流过，这种现象叫集肤效应。有资料介绍：母线槽铜排导体 $6 \times 100mm^2$ 与 $10 \times 60mm^2$ 截面积同是 $600mm^2$，但前者的载流量与后者比大于19%。说明在同等截面下，铜排越扁平，载流能力越大。

②铜排质量原因

按国家标准《电工用铜、铝及其合金母线　第1部分：铜和铜合金母线》GB/T 5585.1-2005 的规定，铜排的含铜量应不低于99.90%。如果采用的铜排含铜量较低，其电阻率必定较高，其载流能力必然下降。

③母线槽结构及绝缘材料原因

不同厂家对母线槽的结构设计会有不同，结构有利于散热的母线槽比结构不利于散热的母线槽载流能力要大。同等截面的密集型母线槽比空气型母线槽载流能力要大，也是因为密集型母线槽的铜排紧密地贴在一起，更有利于散热。而空气型母线槽热量在壳体内不易散出，所以，载流能力相对要小。

另外同样原因，铜排包裹的绝缘材料散热差的，其母线槽的载流能力也会降低。

12　电气绝缘材料耐热等级问题

电气设备经常涉及采用何种耐热等级的绝缘材料问题，例如，有的母线槽厂家在其样本中说采用F级绝缘材料等。其实，这种说法采用的还是老标准的提法，也就是《电气绝缘的耐热性评定和分级》GB 11021-1989 规定的耐热等级，如表2-14所示。

各耐热等级及所对应的温度值　　**表2-14**

耐热等级	温度（℃）	耐热等级	温度（℃）
Y	90	H	180
A	105	200	200
E	120	220	220
B	130	250	250
F	155		

国家于2007年12月3日发布了新标准《电气绝缘　耐热性分级》GB/T 11021-2007，耐热性分级表示方法与老标准有了一定不同，不再像老标准有部分用大写英文字母进行表示，全部用温度值进行表示，如表2-15所示。

电气绝缘耐热性分级　　　　**表2-15**

RTE	耐热等级	以前表示方法
<90	70	—
>90～105	90	Y
>105～120	105	A
>120～130	120	E
>130～155	130	B
>155～180	155	F
>180～200	180	H
>200～220	200	200
>220～250	220	220
>250	250	250

注：表中的*RTE*为相对耐热指数。*RTE*为某一摄氏温度值。该温度为被试材料达到终点的评估时间等于参照材料在预估耐热指数（*ATE*）的温度下达到终点的评估时间所对应的温度。

13　电线、电缆绝缘允许最高运行温度问题

电线、电缆在运行时，由于有负荷电流的通过，必然产生热量，其温度也会随电流的增加而提高。关于电线、电缆绝缘允许最高运行温度，在国家标准《建筑物电气装置　第5部分：电气设备的选择和安装　第523节：布线系统载流量》GB/T 16895.15-2002中有明确规定，如表2-16所示：

各类绝缘最高运行温度　　　　**表2-16**

绝缘类型	温度限制（℃）
聚氯乙烯（PVC）	70（导体）
交联聚乙烯（XLPE）和乙丙橡胶（EPR）	90（导体）
矿物绝缘（PVC护套或可触及的裸护套电缆）	70（护套）
矿物绝缘（不允许触及和不与可燃物相接触的裸护套电缆）	105（护套）

14 防火涂料问题

电气设计图纸通常要求，消防电气管路的外壁刷防火涂料，但采用水性还是油性？刷多厚？需要多长的耐火时间？一般都不提要求。那在施工中应如何执行呢？在弄清这个问题之前，需要先了解一下防火涂料的有关问题。

（1）防火涂料的作用

防火涂料是一种涂覆于基材表面后，能在火灾发生时因其涂层对被涂覆基材起到防火保护、阻止火焰蔓延作用。基材表面上的防火涂层在遇火时膨胀发泡，形成泡沫层，泡沫层不仅隔绝了氧气，而且因为其质地疏松而具有良好的隔热性能，可延滞热量传向被涂覆基材的速率；涂层膨胀发泡产生泡沫层的过程因为体积扩大而呈吸热反应，也消耗大量的热量，有利于降低火灾现场的温度。

（2）防火涂料执行的技术标准和技术指标

防火涂料执行的技术标准为《饰面型防火涂料》GB 12441-2005。该标准规定技术指标如表2-17所示：

饰面型防火涂料技术指标 **表2-17**

序号	项目		技术指标	缺陷类别
1	在容器中的状态		无结块，搅拌后呈均匀状态	C
2	细度（μm）		≤90	C
3	干燥时间	表干（h）	≤5	C
		实干（h）	≤24	
4	附着力（级）		≤3	A
5	柔韧性（mm）		≤3	B
6	耐冲击性（cm）		≥20	B
7	耐水性（h）		经24h试验，不起皱、不剥落，起泡在标准状态下24h能基本恢复，允许轻微失光和变色	B
8	耐湿热性（h）		经48h试验，涂膜无起泡、无脱落，允许轻微失光和变色	B
9	耐燃时间（min）		≥15	A
10	火焰传播比值		≤25	A
11	质量损失（g）		≤5.0	A
12	炭化体积（cm^3）		≤25	A

此标准中还将防火涂料分为：水性饰面防火涂料和溶剂性（油性）饰面防火涂料，但遵循的技术指标是一样的。

因此，在消防电气管路外壁所刷的防火涂料，只要遵循 GB 12441-2005 的技术指标，无论是水性的还是油性的均可以采用。关于防火涂料的涂刷厚度规范没有明确的规定，从上表中可以看出，耐燃时间要求大于等于 15min，要求并不高，通常刷两遍完全可以满足要求。

需要说明的是，防火涂料属于消防产品，需要有“产品型式认可证书”和检验报告。

15 母线槽防护等级问题

在电气安装工程中，母线槽的防护等级应如何进行选择呢？应根据应用的场所和环境进行选择。《低压母线槽选用、安装及验收规程》CECS 170：2004 第 3.0.4 条规定：

母线槽的外壳防护等级选择应符合下列规定：

①室内专用洁净场所，采用 IP30 及以上等级。

②室内普通场所，采用不低于 IP40 等级。

③室内有防溅水要求的场所，采用不低于 IP54 等级。

④室内潮湿场所或有防喷水要求的场所，采用 IP65 及以上等级。

⑤有防腐蚀要求的场所或室外，采用 IP68 等级的无金属外壳的全封闭树脂浇注母线槽。

在笔者参与的项目中，出现过由于管道漏水，致使母线槽发生短路事故的情况。事后调查，母线槽采用的是 IP54 的防护等级，而水是由母线槽连接部位进入的，说明连接部位的防护等级达不到 IP54 的防护等级。因此，母线槽连接部位的防护等级是至关重要的，当设计采用具有相应防水功能的母线槽时，例如为 IP54 防护等级时，在加工订货前要求厂家出具两节母线槽单元连接成一体后的防护等级试验报告，依此确认母线槽连接部位的防护等级是否也能满足 IP54 的要求。

母线槽的防水防尘性能，是关系到其是否能够安全运行的关键，其连接部位的防护等级更是我们需要关注的重点。

16 母线槽金属外壳是否可作 PE 线问题

母线槽金属外壳是否可作 PE 线，一直存在争议。笔者认为金属外壳作 PE 线需考虑的最重要的因素是：外壳的有效截面积是否可以满足故障电流的疏散。

当母线本体由于各种原因发生相线碰外壳故障时，故障电流是否能够通过外壳快速疏散到接地装置是至关重要的。

目前，工程中应用最多的是铁外壳的母线槽，由于铁的电阻率比较高，没有利用铁外壳作 PE 线的，一般多采用五线母线槽，内设专用铜排作 PE 线，PE 铜排的截面积需满足《低压成套开关设备和控制设备　第 1 部分：型式试验和部分型式试验成套设备》GB 7251.1-2005 的规定。每一单元的 PE 排需与外壳作可靠连接。

另外，铝合金外壳母线槽也有一定应用，有的项目也采用五线母线槽，即铝合金外壳内设 L1、L2、L3、N、PE 五个铜排。但有的项目采用铝合金外壳母线槽，内设有 L1、L2、L3、N 四个铜排，而利用铝合金外壳作 PE 线。用铝合金外壳作 PE 线能否符合要求呢？

铝合金外壳需要满足一定机械强度，一般厚度不小于 2.5mm，且外表面积大，散热性能好。另外，铝合金外壳将相线、N 线包在内部，回路阻抗更小，更有利于故障时故障电流的流散。下面是某文献给出某厂家生产的密集型母线槽，其铝合金外壳导电性的技术数据，如表 2-18 所示。

铝合金外壳导电性技术数据表　　　　**表 2-18**

母线槽额定电流（A）	相线铜导体截面（mm^2）	铝合金外壳截面（mm^2）	铝合金外壳导电性能折算等效铜截面（mm^2）	铝合金外壳导电性能为相线的百分比（%）
400	180	945	574	318.9
630	210	945	574	273.3
800	240	945	574	240
1000	300	1500	912	305
1250	390	1570	954	235
1400	480	1660	1009	211
1600	570	1750	1064	187
2000	750	1930	1173	157
2300	960	2140	1301	136
2500	1200	2380	1446	121
3100	1500	2715	1650	110
3800	1920	3100	1884	98.5
4300	2400	3615	2197	91.9
5000	3000	4215	2562	85.7

从表2-18可以看出，铝合金外壳的导电性能是相线的85.7%～318.9%。其所占比例最小的85.7%，也远大于其应达到的相导体的1/4（25%），因此，铝合金外壳作PE线从导电性能的角度看是完全可以满足要求的。

下面想说一说铝合金外壳的导电性能是如何折算成铜导体的？应该说金属导体的导电性能是与其导电率成反比的。查相关资料可知，20℃时，铜导体的电阻率（$\Omega \cdot mm^2/m$）为0.0172，铝导体的电阻率为0.0282。以上表额定电流为400A母线槽为例，截面为945mm^2的铝合金外壳的导电性能折算成铜导体是这样计算的：$945 \times 0.0172/0.0282 = 576.38 \approx 576$（$mm^2$）。

同样的道理，铁的电阻率为0.16，是铜电阻率的$0.16/0.0172 = 9.3$倍，因此，其导电性能也只有铜的1/9.3，折算后通常不能满足其作为PE导体的要求。

17 电线标识中450/750V的含义问题

在建筑电气工程线路中经常采用450/750V电线，但对于同一根电线为何标有两个电压值？有一些技术人员还不是很理解。

《额定电压450/750V及以下聚氯乙烯绝缘电缆　第1部分：一般要求》GB/T 5023.1-2008在术语和定义中规定：

额定电压是电缆结构设计和电性能试验用的基准电压。

额定电压用U_0/U表示，单位为V。

U_0为任一绝缘导体和“地”（电缆的金属护套或周围介质）之间的电压有效值。

U为多芯电缆或单芯电缆系统任何两相导体之间的电压有效值。

通过以上的规定，并针对450/750V电线来说：

（1）450V和750V均是额定电压，是进行电线电性能试验时所采用的基准电压。

（2）450V是电线与地之间的耐压值。

（3）750V是电线任意两相之间的耐压值。

第三章　电气安装常见问题

1　变压器调压分接头连接片的安装问题

对于电压为 10000 ±2 ×2.5% V 的变压器，其铭牌电压如下：

①10500V，②10250V，③10000V，④9750V，⑤9500V

变压器投入运行前，应根据变压器铭牌和分接指示牌上的标志接到相应的位置上，在连接分接头的连接片时，必须确保高压断电的前提下进行。

如市电实际电压为 10kV，则分接片应接 3 档（产品出厂时通常接于此档），如图 3-1（*a*）所示；当输出电压偏高时，将分接头的连接片往上接，如图 3-1（*b*）；当输出电压偏低时，将分接头的连接片往下接，如图 3-1（*c*）所示。

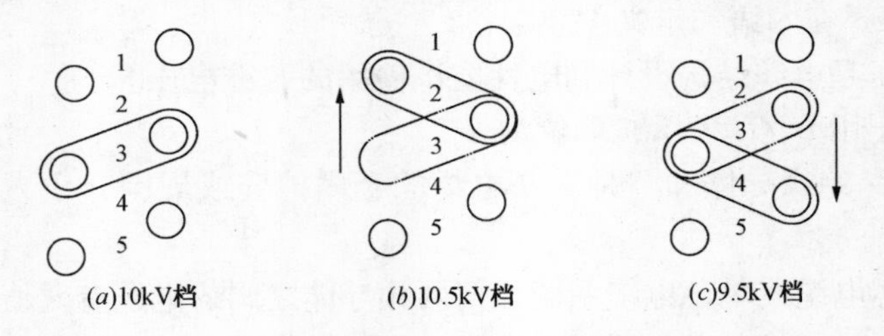

图 3-1　干式变压器一次绕组分接头示意图

2　变压器温度控制器功能问题

一般变压器温度控制器功能方框图如图 3-2 所示：

主要功能如下：

（1）三相绕组温度巡检和最大值显示。

（2）起停风机。

（3）超温报警、超温跳闸。

（4）仪表故障自检、传感器故障报警。

（5）铁心温度检测，铁心超温报警。

（6）变压器外壳开门报警。

（7）信号远传。

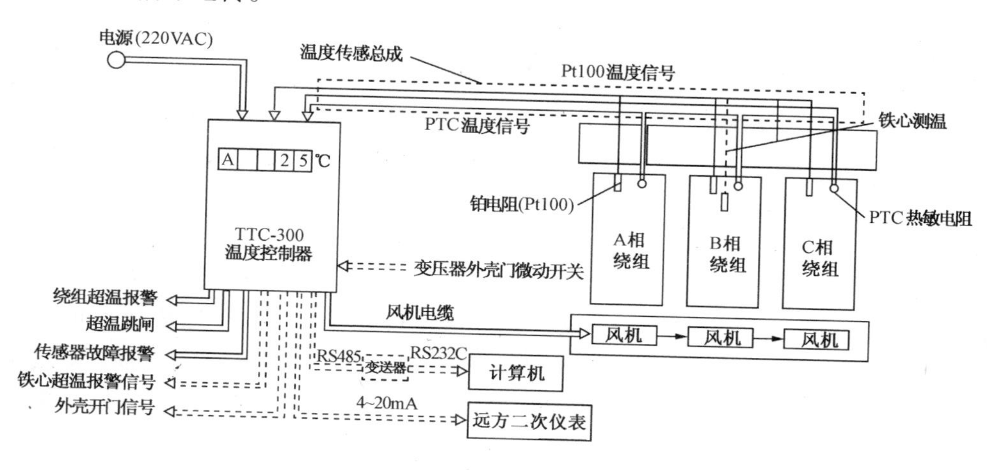

图 3-2 一般变压器温度控制器功能方框图

绕组超温报警和跳闸的取值与变压器的绝缘材料耐热等级有密切关系，现干式变压器的绝缘材料耐热等级多采用 F 级和 H 级，其最高允许温度分别：155℃和180℃。当绕组温度超过绝缘材料最高允许温度时，将可能造成变压器的损坏。因此绕组超温报警和跳闸的取值原则应是：不应超过绝缘材料的最高允许温度，避免变压器受到损害。在具体设定时，可参考变压器技术说明书。

关于风机起停，也是与变压器的绝缘材料耐热等级有关，具体设置同样需要考虑以上的原则。一般风机启动值要低于超温报警值。

3 避免将变压器振动通过母线槽传递出去的措施问题

变压器正常运行时，会产生一定的振动，为避免将振动通过与其连接的母线槽传递出去，可采用在母线槽与变压器接线端子之间设置一段软连接，如图 3-3 所示。

应注意：此段软连接的总截面积不应小于所连接的母线的截面积。

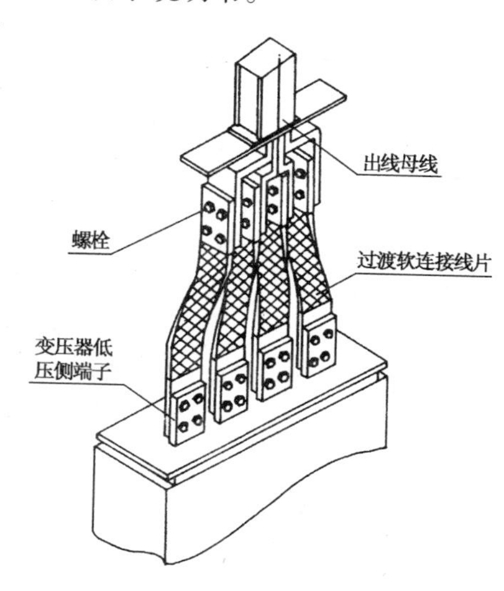

图 3-3 母线与变压器端子过渡软连接示意

4 成套配电箱、柜的门、盖板、遮板等部件接地问题

成套配电箱、柜的门、盖板、遮板等部件是否任何情况下均需要接地？如接地对保护导体的截面积有何要求？配电箱、柜的国家制造标准《低压成套开关设备和控制设备 第1部分：型式试验和部分型式试验成套设备》GB 7251.1-2005/IEC 60439-1:1999有明确规定：（1）在盖板、门、遮板和类似部件上面，如果没有安装电气设备，通常的金属螺钉连接和金属铰链连接则被认为足以能够保证电的连续性；（2）如果在盖板、门、遮板等部件上装有电压值超过超低压限值的电器时，应采取措施，以保证保护电路的连续性，建议给这些部件装配上一个保护导体，用导线连接到成套设备的保护电路上，导线的截面积取决于所属电器电源引线截面积的最大值，并应符合表3-1的规定。此处所指超低电压为交流50V及以下。

铜连接导线的截面积 **表3-1**

额定工作电流 I_e（A）	连接导线的截面积（mm^2）	额定工作电流 I_e（A）	连接导线的截面积（mm^2）
$I_e \leq 20$	S	$32 < I_e \leq 63$	6
$20 < I_e \leq 25$	2.5	$63 < I_e$	10
$25 < I_e \leq 32$	4		

注：S为相导体的截面积（mm^2）。

5 配电柜（箱）柜（箱）体需设专用接地螺栓问题

一些建筑工程中，质量监督机构监督人员在监督抽查和验收时多次提出“配电柜柜体需设专用接地螺栓”的问题，并要求整改。《低压成套开关设备和控制设备 空壳体的一般要求》GB/T 20641-2006第8.7条规定：“金属壳体应通过壳体的导电结构部件，或通过与独立的保护导体（接地）连接的保护电路，或通过二者来保证电连续性”，“当一个壳体的可移式部件被移开时，壳体的其余部件不允许与保护电路断开。”《低压成套开关设备和控制设备 第1部分：型式试验和部分型式试验成套设备》第7.4.3.1.10条规定：“某一器件，如其可接近导电部件不能用固装方式与保护电路连接，应用导线连接到成套设备的保护电路上。”因此，这一问题应引起电气技术人员足够的重视，在设备订货前或招投标阶段就应提出“配电柜柜体需设专用接地螺栓”的明确要求，设备到场后也应进行检查。

6　进出配电箱、柜的线槽封堵问题

一些建筑工程中，质量监督机构监督人员在监督抽查和验收时多次提出“进出配电箱、柜的线槽未做封堵”的问题，并要求整改。这一问题的提出主要是出于以下的原因：配电箱、柜的制造厂商均会按国家及行业标准明确配电箱、柜的具体防护等级，一般至少为IP2X。当线槽进配电箱、柜时，必须要在其上开孔，如果不做封堵，配电箱、柜原有的防护等级势必遭到破坏。因此，做好线槽进配电箱、柜处的封堵工作是应该的。电气设备外壳防护等级如表3-2所示。

电气设备外壳防护等级（GB 4208）　　**表3-2**

组　成	数字或字母	对设备防护的含义	对人员防护的含义
代码字母	IP	—	—
第一位特征数字		防止固体异物进入	防止接近危险部件
	0	无防护	无防护
	1	≥ϕ50mm	手　背
	2	≥ϕ12.5mm	手　指
	3	≥ϕ2.5mm	工　具
	4	≥ϕ1.0mm	金属线
	5	防　尘	金属线
	6	尘　密	金属线
第二位特征数字		防止进水造成有害影响	
	0	无防护	
	1	垂直滴水	
	2	15°滴水	
	3	淋　水	
	4	溅　水	
	5	喷　水	
	6	猛烈喷水	
	7	短时间浸水	
	8	连续潜水	

7　电缆敷设时环境温度过低，导致电缆护套损坏的问题

有的工程敷设电缆时，天气非常寒冷，白天温度有的也达到零下好几度，出现了电缆护套碎裂现象，事后分析，与敷设电缆时环境温度过低有关。关于有关标准对电缆敷设时环境温度的要求，现分列如下：

（1）《额定电压 1kV（U_m = 1.2kV）到 35kV（U_m = 40.5kV）挤包绝缘电力电缆及附件　第 1 部分：额定电压 1kV（U_m = 1.2kV）和 3kV（U_m = 3.6kV）电缆》GB/T 12706.1-2008 附录 D 中规定："具有聚氯乙烯绝缘或聚氯乙烯护套的电缆，安装时的环境温度不宜低于 0℃"。

（2).《电气装置安装工程　电缆线路施工及验收规范》GB 50168—2006 第 5.1.16 条规定：敷设电缆（塑料绝缘电力电缆）时，现场的温度不应低于 0℃。

（3）《建筑安装分项工程施工工艺规程》DBJ/T 01-26-2003（第七分册）中第 8.3.7 条规定电缆"作业场所环境温度在 0℃以上，相对湿度 70% 以下，严禁在雨、雪、风天气中施工"。

根据以上要求，电气技术人员必须重视敷设塑料绝缘电力电缆时现场的环境温度，低于 0℃时不宜敷设，或采取相应措施（按厂家要求）。

电气技术人员还应注意，对已出现问题的电缆，应按《建筑电气工程施工质量验收规范》GB 50303—2002 第 3.2.12 条 4 规定"对电线、电缆绝缘性能、导电性能和阻燃性能有异议时，按批抽样送有资质的试验室检测"进行处理。

8　吊顶上安装的筒灯、射灯问题

现在有很多厂家生产的筒灯、射灯没有附带接线盒，造成接线软管与筒灯连接时无法固定，还导致了吊顶内导线和接头明露的现象，尤其是射灯，变压器和灯具（灯体）是分离的，从而造成导线和接头明露。质量监督部门、消电检（消防设施和电气防火检测）、消防验收时多次提出过这一问题，而已安装的灯具进行整改难度是比较大的，有的甚至无法整改，存在一定的隐患。为有效解决这一问题，应采取如下的措施之一：

（1）在灯具订货前，对灯具样品进行确认。如不能满足不明露导线、接头和软管固定的要求时，应明确提出，要求厂家采取适当措施。

（2）如果灯具已到货，安装前应对灯具进行确认，如不能满足要求，可要求厂家或安装单位采取措施，以保证导线和接头不明露。

在国家灯具制造标准《灯具　第 1 部分：一般要求与试验》GB 7000.1-2007 对灯具是这样定义的：凡是能够分配、透出或转变一个或多个光源发出光

线的一种器具，并包括支承、固定和保护光源必需的所有部件（但不包括光源本身），以及必需的电路辅助装置和将它们与电源连接的装置。从灯具定义可以看出，灯具应是一个整体，不应是散件，而且应具备接线端子。

9 大型灯具承载试验问题

《建筑电气照明装置施工与验收规范》GB 50617—2010 第 4.1.15 条规定“质量大于 10kg 的灯具，其固定装置应按 5 倍灯具重量的恒定均布载荷全数作强度试验，历时 15min，固定装置的部件应无明显变形”。

在条文说明中解释道：大型灯具的固定装置是由施工单位在现场安装的，其安装形式应符合建筑物的结构特点。为了防止由于安装不可靠或意外因素，发生灯具坠落现象而造成人身伤亡事故，灯具固定装置安装完成后、灯具安装前要求在现场做恒定均布载荷强度试验，实验的目的是检验安装质量。灯具所提供的吊环、连接件等附件强度应由灯具制造商在工厂进行过载试验。根据灯具制造标准《灯具　第 1 部分：一般要求与试验》GB 7000.1-2007 中第 4.14.1 条规定：对所有的悬挂灯具应将 4 倍灯具重量的恒定均布载荷以灯具正常的受载方向加在灯具上，历时 1h。试验终了时，悬挂系统（灯具本身）的部件应无明显变形。因此当在灯具上加载 4 倍灯具重量的载荷时，灯具的固定装置（施工单位现场安装的）须承受 5 倍灯具重量的载荷（图 3-4）。

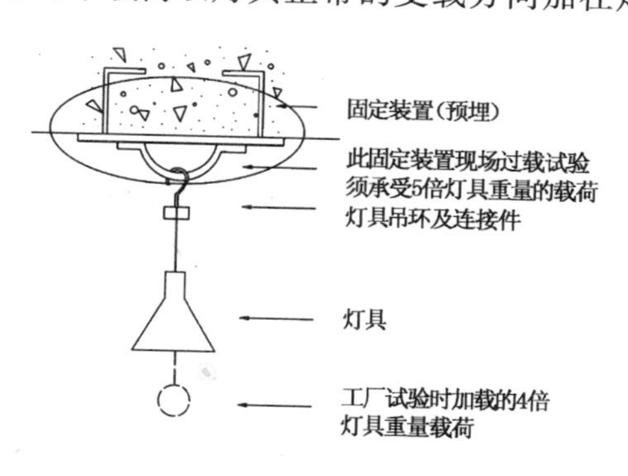

图 3-4　灯具固定装置承载重量示意图

在大型公建工程中，大型灯具（质量大于 10kg 的灯具）很常见，但不同的大型灯具其安装型式有很大差别。有的大型灯具虽然质量较大（远大于 10kg），但其是吊在一个悬挂装置下，此种情况作过载试验是容易实现的。但还有一些大型灯具所占面积很大，能够达到十几甚至二十多平方米，这么大面积的灯具底盘在楼板上固定时有若干固定点，无法作过载试验。因此，作过载试验，笔者认为应是针对具有悬挂装置的吊灯而言更合理。

10 灯具内部接线的截面问题

《建筑电气工程施工质量验收规范》GB 50303—2002 第 3.2.10 条规定：成套灯具内部接线为铜芯绝缘电线，芯线截面积不小于 $0.5mm^2$。但有的工程到货灯具内部接线小于0.5mm²，厂家却说符合灯具制造标准要求。经查灯具制造标准《灯具　第1部分：一般要求与试验》GB 7000.1-2007中第5.3.1.1条规定：与固定布线直接连接的接线，例如，通过接线端子座，而且依靠外部的保护装置断开与电源的连接，下列方式是适当的：

正常工作电流高于2A：

——标称截面积：最小0.5mm²；

——固定式灯具的通过式布线：最小1.5mm²。

正常工作电流低于2A有机械保护的接线：

——标称截面积：最小0.4mm²。

从以上的规定可以看出，灯具内部接线的截面积与正常工作电流有关，高于2A最小为0.5mm²；低于2A最小为0.4mm²。当然，这只是最低要求，灯具内部接线截面积还应和正常使用时的功率相适应。

11　封闭式母线支架接地问题

《低压配电设计规范》GB 50054—2011第7.5.3条规定："封闭式母线外壳及支架应可靠接地，全长应不少于2处与接地干线相连"。

对封闭式母线外壳可靠接地笔者没有异议，但对封闭式母线的支架也需要接地，而且全长至少2处与接地干线相连，却有不同看法。工程中采用的封闭式母线多为5线式（包含L1、L2、L3、N、PE)，载流导体和PE排均包裹在外壳内。当发生相导体碰外壳故障时，故障电流将通过外壳及与外壳连接的保护接地导体(PE排）返回电源，使封闭式母线电源端的保护电器动作。而封闭式母线的支架即使作了接地对故障电流返回电源也几乎没有帮助，而且，对电气施工将产生较大的工作量。

封闭式母线与金属导管、槽盒均属于封闭式装置，其共同点是：载流导体在其内敷设。在故障情况下其内的相导体不可能碰支架，其支架主要是起支撑作用。电缆托盘、梯架则与此不同，它们均不属于封闭式装置，而属于敞开式装置，在故障情况下，相导体可能直接碰外壳，也可能直接碰支架。所以，电缆托盘、梯架的支架不仅起到支撑作用，还要起到输送故障电流的作用，而这正是电缆托盘、梯架的支架应可靠接地的直接原因。

因此，笔者认为，封闭式母线的支架应与金属导管、槽盒的支架一样不强调接地，更不必强调支架"全长应不少于2处与接地干线相连"。

12 母线槽在电气竖井内垂直敷设，安装在楼板处的弹簧支架的弹簧压缩长度问题

母线槽在电气竖井内垂直敷设，在穿越楼板处均需安装弹簧支架。弹簧支架具有固定、承载母线槽重量的作用，还有随着母线槽热胀冷缩而适应其上下移动的作用。在母线槽安装工程中，很多安装人员不了解需对弹簧支架进行调整，有的虽然知道调整，但调整到什么程度，却不清楚，以致造成母线槽弹簧支架安装后，难以起到其应有的作用。主要问题是：没有根据母线槽的重量对弹簧进行压缩，以使母线槽的重量与弹簧的弹力相等，达到最佳状态。

那么，依据什么来确定弹簧压缩后的长度呢？应根据生产厂家提供的安装手册（或说明书）进行调整安装。下面采用施耐德（广州）母线有限公司 I-LINE 母线槽安装手册中的铜母线槽数据进行说明。

垂直弹簧支架产品编号与弹簧压缩后长度对照表 **表 3-3**

母线槽外壳宽度（mm）	弹簧支架产品编号	弹簧压缩后长度（mm）（2440mm 间隔距离）	弹簧压缩后长度（mm）（3050mm 间隔距离）	弹簧压缩后长度（mm）（3660mm 间隔距离）	弹簧压缩后长度（mm）（4270mm 间隔距离）
97.5	HF-VS1	102	99	96	93
110.2	HF-VS1	101	97	94	91
135.6	HF-VS1	98	93	90	85
148.3	HF-VS2	105	103	101	98
171.2	HF-VS2	103	101	98	95
199.1	HF-VS2	102	99	96	93
237.2	HF-VS2	100	97	93	89
323.1	HF-VS8	105	103	101	98
386.6	HF-VS8	104	102	100	97
412.0	HF-VS8	104	101	98	96
599.4	HF-VS8	101	97	94	91
637.5	HF-VS8	97	93	89	84

注：表中的 2440mm、3050mm、3660mm、4270mm 为两个弹簧支架之间的距离。

从表3-3可以看出，母线槽外壳宽度越宽，弹簧支架的距离越大，母线槽的重量也越大，弹簧压缩后的长度就越小，也就意味着弹簧的弹力越大，使母线槽的重量与弹簧的弹力保持平衡。按厂家提供的资料，通过调整使母线槽与弹簧的弹力保持平衡后，若重量有所增加或减少，靠弹簧的自身调节可以达到一个新的力的平衡，从而有利于保证母线槽安全运行。如果没有按厂家的要求压缩弹簧，母线槽安装后，弹簧可能没有自身调节的余量，一旦重量变化，而又没有及时对弹簧进行调整，可能会对母线槽造成损坏。

13 低压断路器“倒接线”问题

在有的电气安装工程中出现了低压断路器“倒接线”的情况，即电源进线接在了断路器的下口（出线端），负荷线接在了断路器的上口（进线端）。这种情况比较少见，但在笔者单位监理的超高层建筑封闭母线的安装中出现了。在强电竖井封闭母线插接箱内的断路器就是这样安装的：自封闭母线取出的电源，接至插接箱内断路器的下口，断路器上口接引出线，并通过插接箱箱顶与旁边配电柜柜顶敷设的普利卡管，将断路器引出线接至配电柜内。

此种做法，从接线的角度来讲，确实比较方便。如果普利卡管自插接箱下底接至配电柜上顶，接线要麻烦一些。

但这种“倒接线”的做法应该说还是存在一定的问题：

（1）易出现电气事故。

因为，在线路短路条件下，断路器上进线时动触头上没有恢复电压的作用，分断条件较好；下进线时动触头上有恢复电压，分断条件较严酷，有可能导致相间击穿短路。原因在于动触头多半是利用一公共轴联动，且其后紧接着软连接和脱扣器，如果它们之间由于短路断开时，会产生电离气体或导电灰尘而使得绝缘下降，就容易造成相间短路。因此，下进线时的短路分断能力一般都有所下降。只有在产品设计时充分考虑了这些因素的产品，断路器上进线和下进线时的短路分断能力才相等。

（2）通常电源侧的导线接在进线端，即固定触头接线端，负荷侧导线接在出线端，即可动触头接线端，目的是为了安全，断电后，以负荷侧不带电为原则。

（3）不符合操作习惯。通常向上操作为接通电路，向下操作为断开电路。此种“倒接线”做法正好与习惯相反。

因此，一般情况下，断路器不应“倒接线”。如特殊情况下需“倒接线”，应由电气设计人员进行确认，并采用符合要求的断路器。

第四章　电气消防常见问题

1　消防探测器安装在格栅吊顶下的问题

在工程中，消防探测器通常安装在吊顶下，但当吊顶为格栅吊顶时，则应安装在楼板下。因为一旦发生火灾，烟雾经过格栅将直接进入吊顶内，而安装在格栅下的探测器不能及时报警，会造成火灾蔓延。因此，在实际工程中电气技术人员及消防系统施工人员应关注吊顶形式，将探测器安装在正确的位置，起到早期探测火灾的作用，避免安装位置不当，失去应有的报警功能，或将来出现返工情况。有的工程消防局进行验收时对格栅吊顶下安装的探测器就提出了进行整改的要求。

2　火灾自动报警系统导管暗敷设保护层厚度不小于30mm及明敷刷防火涂料的问题

在电气设计图纸中经常强调火灾自动报警系统导管暗敷时，保护层厚度不小于30mm；导管明敷时刷防火涂料。而且在施工验收的隐蔽工程记录中也强调要注明保护层厚度不小于30mm。其实火灾报警系统的线路按其功能可分为多种，如果不加区分，全部管路均这样要求，将带来不必要的浪费。

《火灾自动报警系统设计规范》GB 50116—1998 第10.2.2条规定："消防控制、通信和警报线路采用暗敷设时，宜采用金属管或经阻燃处理的硬质塑料保护管，并应敷设在不燃烧的结构层内，且保护层厚度不宜小于30mm。当采用明敷设时，应采用金属管或金属线槽保护，并应在金属管或金属线槽上采取防火保护措施"。

从此规定可以看出，消防控制、通信和警报线路与火灾自动报警系统的报警传输线路相比较，更加重要。报警传输线路在火灾前期，完成报警功能后，其应有的作用已经完成。而消防控制、通信和警报线路在火灾发生后还需要继续工作，完成其控制、通信和警报功能，所以，对这部分的穿线导管要求更高，否则其线路中断，使灭火工作无法正常进行，将造成更大经济损失。

通过以上分析 应该说只有在火灾发生后，仍需继续工作的线路，如消防控制、通信和警报线路的导管，暗敷设时才要求保护层厚度不小于30mm；导管明敷时刷防火涂料。而仅仅是报警功能的线路，如烟感报警线路的导管，则应无此要求。

3 消防探测器安装位置距离空调送风口距离太近的问题

在工程后期装修过程中，为满足装修的整体效果，消防探测器的安装位置往往设置不当，影响其探测功能的发挥。尤其是在宾馆饭店、公寓，还有一些写字楼的房间，消防探测器（主要是烟感探测器）的安装位置经常出现距离空调送风口的距离太近的问题，而忽略了规范的规定。

《火灾自动报警系统设计规范》GB 50116—1998 第8.1.10条规定：“探测器至空调送风口边的水平距离不应小于1.5m，并宜接近回风口安装”。

此条规定说明：在设有空调的房间内，探测器不应安装在靠近空调送风口处，距离送风口应大于等于1.5m，而距离回风口越近越好。

探测器距离空调送风口太近，将会产生两个问题：

（1）火灾时可能失去探测功能。这是因为空调送风气流会将烟雾吹散，使极小的燃烧粒子不能扩散到探测器中去，使探测器探测不到烟雾。

（2）平时可能使探测器产生误报。这是因为通过探测器电离室的空调气流在某种程度上改变其电离模型，可能使探测器更灵敏而产生误报。

因此，装修工程中电气技术人员应关注探测器的安装位置，在保证探测器功能的前提下，尽量满足装饰效果的要求。

4 消防探测器直接安装在吊顶板上是否符合要求问题

在很多的工程项目中，消防探测器均直接用木螺钉固定在吊顶板上。吊顶板有的采用矿棉板，有的采用石膏板，经过一段时间以后，有的探测器出现了歪斜现象，甚至有的发生了脱落。这是因为吊顶板不“吃钉”，消防探测器很难与吊顶板固定牢固。

除此之外，消防探测器直接用木螺钉固定在吊顶板上，还极易出现在吊顶内明露导线的现象。《火灾自动报警系统设计规范》GB 50116—1998 第10.2.4条规定“从接线盒、线槽等处引到探测器底座盒、控制设备盒、扬声器箱的线路均应加金属软管保护”。在其条文说明中解释是为了“防止火灾自动报警系统的线路被老鼠等动物咬断”。

华北标准图集《建筑电气通用图集 09BD9 火灾自动报警与联动控制》中，在吊顶板下安装消防探测器推荐了两种做法，如图4-1所示。

从图4-2可以看出，这两种做法，一是探测器底座直接安装在接线盒上，二是探测器底座用自攻螺钉穿透吊顶板固定在龙骨上。这两种做法，均能达到消防探测器固定牢固且吊顶内不明露导线的目的。

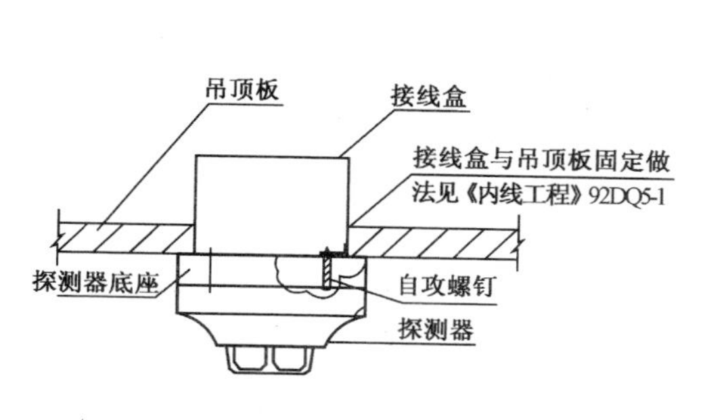

图4-1　消防探测器安装做法（一）

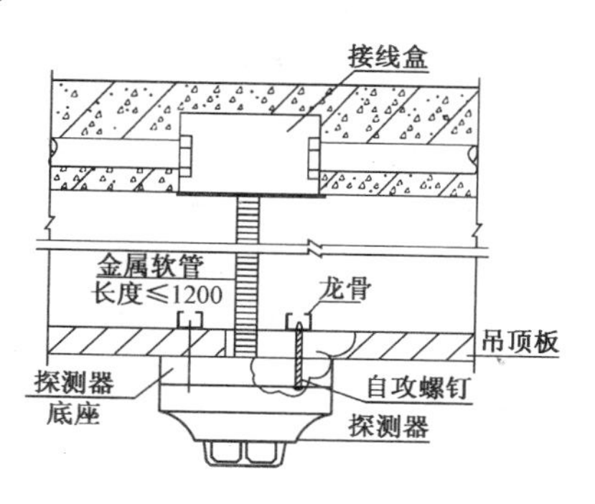

图4-2　消防探测器安装做法（二）

5　防火阀、排烟阀控制关系问题

防火阀、排烟阀在消防工程的试验和验收中经常出现问题，有的该动作的不能动作；有的动作后，却启动（或关闭）了不应该启动（或关闭）的风机。因此，防火阀、排烟阀与其控制设备的关系必须明确。表4-1列出了常用防火阀、排烟阀与控制设备的控制关系，供参考。

常用防火阀、排烟阀控制关系表　　表4-1

序号	名称	图例	控制装置类型	安装位置	平时状态	控制方式	联动控制关系
1	防火阀	∅70℃	FD	空调通风风管中	常开	70℃熔断器控制关闭，经信号模块送出关闭信号	阀门关闭后关闭相关空调机、通风机
2	防火阀	∅E	EFD	空调通风风管中	常开	感烟探测器报警后，DC24V控制或70℃温控关闭，经信号模块送出关闭信号	阀门关闭后关闭相关空调机、通风机
3	防火阀	∅280℃	HFD	排烟风机旁	常开	280℃熔断控制关闭，经信号模块送出关闭信号	阀门关闭后控制关闭相关排烟风机
4	电动排烟防火阀	∅	SHFD	排烟竖井旁排烟风口旁	常闭	感烟探测器报警后，通过控制模块开启，经信号模块送出开启信号，280℃熔断控制关闭	阀门开启同时控制启动相关排烟风机280℃熔断排烟口关闭

续表

序号	名称	图例	控制装置类型	安装位置	平时状态	控制方式	联动控制关系
5	电动排烟口（阀）	Fe	SFD	排烟风管中或风口旁	常闭	感烟探测器报警后，通过控制模块开启，经信号模块送出开启信号	阀门开启同时控制启动相关排烟风机
6	电动正压送风口（阀）	Fd	SFD	消防电梯前室楼梯前室正压送风口	常闭	感烟探测器报警后，通过控制模块开启，经信号模块送出开启信号	阀门开启同时控制启动相关正压送风机
7	自垂百页风口			楼梯间正压送风口	常闭	无需电控	正压送风机启动后吹起百页送风

6 防火卷帘控制的相关问题

（1）防火卷帘控制的基本要求

《火灾自动报警系统设计规范》GB 50116—1998 第 6.3.8 条规定：疏散通道上的防火卷帘两侧，应设置火灾探测器组，且应按下列程序自动控制下降：感烟探测器动作后，卷帘下降至距地面 1.8 米；感温探测器动作后，卷帘下降到底。用做防火分隔的防火卷帘，火灾探测器动作后，卷帘应下降到底。

（2）关于采用感烟—感温探测器组问题

采用不同类型火灾探测器（感烟—感温）的“与”信号来控制防火卷帘，其目的是要提高卷帘动作的安全可靠性，减少误报。在一般场所这样的设置是合适的，如一般写字楼等。但有的情况下设置不同的探测器，反而降低了动作的安全可靠性，如大型地下汽车库，因其正常情况下有汽车尾气产生，且通风状况较差，根据规范应设置感温探测器，而感烟探测器是不适合的，若设置感烟—感温探测器组来控制卷帘，则误报概率会增大。

（3）由设在防火卷帘两侧的火灾探测器组来控制卷帘的动作是否合适?

如果只由设在防火卷帘两侧的火灾探测器组来控制卷帘的动作，有的情况下不一定合适。如：当离防火卷帘较远处着火时，防火卷帘两侧的火灾探测器组不能动作，无法及时起到防火、防烟分隔的作用。因此，笔者认为，探测器组不应局限在防火卷帘两侧探测器，尤其感烟探测器，而是在该防火分区内的任一感烟探测器动作，防火卷帘应下降至距地面 1.8 米；感温探测器动作后，卷帘下降到底。对于用作防火分隔的防火卷帘，在该防火分区内的任一火灾探测器动作后，卷帘应下降到底。

7 火灾自动报警与消防联动控制逻辑关系问题

电气消防主要涉及火灾自动报警与消防联动控制两大部分，这两部分都非常重要，而且密不可分，缺少哪一部分，都不能有效完成及时发现火情并实施灭火的任务。作为电气施工及监理人员只有弄清火灾自动报警与消防联动控制的逻辑关系，在工作中才能够有的放矢，更有针对性地进行施工和监理，才能够更顺利地达到消防系统应具有的功能。表4-2列出了火灾自动报警与消防联动控制逻辑关系表，供参考。

火灾自动报警、消防联动控制的逻辑关系表 **表4-2**

	报警设备种类	受控设备	位置及说明
水消防系统	消火栓按钮	直接启动消火栓泵	
	报警阀压力开关	直接启动喷淋泵	
	水流指示器	（报警，确定起火层）	
	检修信号阀	（报警，提醒注意）	
	消防水池水位或水管压力	启动、停止稳压泵等	
空调系统	烟感或手动报警	关闭有关系统空调机、新风机、普通送风机；关闭本层电控防火阀	
	防火阀70℃温控关闭	关闭该系统空调机或新风机、送风机	
防排烟系统	烟感或手动按钮	打开有关排烟风机与正压送风机	屋面
		打开有关排烟口（阀）	
		打开有关正压送风口	$N\pm1$ 层
		两用双速风机转入高速排烟状态	
		两用风管中，关正常排风口、开排烟口	
	排烟风机旁防火阀280℃温控关闭	关闭有关排烟风机	屋面
可燃气体报警		打开有关房间排风机、进风机、关电动燃气阀	厨房、煤气表房、防爆厂房等

续表

	报警设备种类	受控设备	位置及说明
防火卷帘门、防火门	防火卷帘门旁的烟感	该卷帘或该组卷帘下降至1.8m处	防火分隔处卷帘归底
	防火卷帘门旁的温感	该卷帘或该组卷帘归底	
		卷帘有水幕保护时，启动水幕电磁阀和雨淋泵	
	电控常开防火门旁烟感或温感	释放电磁铁，关闭该防火门	
	电控挡烟垂壁旁烟感	释放电磁铁，该挡烟垂壁或该组挡烟垂壁下垂	
气体灭火系统	气体灭火区内烟感	声光报警，关闭有关空调机、防火阀、电控门窗	
	气体灭火区内烟感、温感同时报警	延时后启动气体灭火	
	钢瓶压力开关	点亮放气灯	
	紧急起、停按钮	人工紧急启动或终止气体灭火	
手动为主的系统	手动/自动，手动为主	切断起火层非消防电源	$N\pm1$ 层
	手动/自动，手动为主	启动起火层应急照明、警铃或声光报警装置	$N\pm1$ 层
	手动/自动，手动为主	使电梯归首、消防梯投入消防使用	
	手动/自动，手动为主	对有关区域进行紧急广播	$N\pm1$ 层
	消防电话	随时报警、联络、指挥灭火	

注：①消防控制关系需根据具体工程和建筑、工艺、给排水、空调、电气等各专业的要求设计，本表供参考。
②消防控制逻辑关系表应能表达出设计意图和各专业的协调关系，可供分包商作为编制控制程序的依据或参考资料。
③根据具体工程情况，必要时可增加受控设备编号和电控箱编号。
④消防控制室应能手动强制启、停消火栓泵、喷淋泵、排烟风机、正压送风机，能关闭集中空调系统的大型空调机组等，并接收其反馈信号，表中从略。
⑤表中“$N\pm1$ 层”一般为起火层及上下各一层；当地下任一层起火时，为地下各层及一层（二层）；当一层起火时，为地下各层及一层、二层。

8 消防泵巡检的问题

(1) 消防泵巡检应具有的功能

消防水泵是水灭火系统中的重要组成部分，其特点是长期不运行，一旦使用就必须发挥其应有的作用。消防水泵由于长期处于闲置状态，且泵房环境比较潮湿，很容易发生水泵锈蚀、锈死的现象，以致火灾发生时，消防水泵不能正常运转，将造成无法弥补的损失。

针对消防水泵存在的这一问题，公安部的行业强制性标准《固定消防给水设备的性能要求和试验方法　第2部分：消防自动恒压给水设备》GA 30.2-2002第5.4.4条对巡检功能做出了明确规定：

消防泵长期处于非运行状态的设备应具有巡检功能，应符合下列要求：

①设备应具有自动和手动巡检功能，其自动巡检周期应能按需设定。

②消防泵按消防方式逐台启动运行，每台泵运行时间不少于2min。

③设备应能保证在巡检过程中遇消防信号自动退出巡检，进入消防运行状态。

④巡检中发现故障应有声、光报警。具有故障记忆功能的设备，记录故障的类型及故障发生的时间等，应不少于5条故障信息，其显示应清晰易懂。

⑤采用工频方式巡检的设备，应有防超压的措施，设巡检泄压回路的设备，回路设置应安全可靠。

⑥采用电动阀门调节给水压力的设备，所使用的电动阀门应参与巡检。

基于以上要求，采用自动化的控制手段，对消防水泵定期进行巡回检测的智能控制设备——巡检柜，对于保证消防水泵的正常运行，在火灾到来时充分发挥其效用是至关重要的。

（2）消防泵采用低频巡检还是工频巡检

从上文“采用工频方式巡检的设备，应有防超压的措施，设巡检泄压回路的设备，回路设置应安全可靠”可以看出，标准只对采用工频方式巡检提出了相应的要求，并没有否定低频巡检的方式。从工程上实际应用的巡检柜来看，采用低频巡检的方式占主流。采用低频巡检方式，由于转速低，节能效果明显，而且不会对供水管网增压，不会发生喷头破裂等问题。

中国国家强制性产品认证证书
CERTIFICATE FOR CHINA COMPULSORY PRODUCT CERTIFICATION

证书编号/Number: 2011081801000486

申请人名称：[illegible]
（所在地：[illegible]
制造商：[illegible]
商标：
生产企业名称：[illegible]
（所在地：[illegible]
产品名称和规格型号：OL-XFXJ-10 型 消防电气控制装置(消防泵自动巡检设备)
产品标准和技术要求：GB16806-2006, GB/T19001-2008
上述产品符合强制性产品认证规则 CNCA-09C-044: 2011 的要求，特发此证。
证书有效期：2011 年 08 月 22 日 至 2016 年 08 月 21 日

年度确认
Annual Confirmation

Name of the Applicant: Zhenjiang Erling Electric Automation Systems Equipment Co.,Ltd
(Address:No.1 Ruishan Rd ,Dantu Industrial Park, Zhenjiang, Jiangsu)
Manufacturer: Zhenjiang Erling Electric Automation Systems Equipment Co.,Ltd(H000441)
Trade mark: /
Name of the Factory: Zhenjiang Erling Electric Automation Systems Equipment Co.,Ltd
(Address: No.1 Ruishan Rd ,Dantu Industrial Park, Zhenjiang, Jiangsu)
Name, Model of the Product: OL-XFXJ-10Fire electricity control equipments
The Standards and Technical Requirements for the Products: GB16806-2006,GB/T19001-2008
This is to certify that the above mentioned products have qualified for the requirements specified in CNCA-09C-044:2011
Period of Validity: from 22 Aug 2011 to 21 Aug 2016
本证书的相关信息可通过国家认监委网站 www.cnca.gov.cn 和
中国消防产品信息网站 www,cccf.com.cn 查询

产品认证
CNAS C073-P

发证机构名称（盖章）

0014325

图4-3　某厂家“CCC”认证证书

（3）消防巡检柜的“CCC”认证问题

消防巡检柜应具有“CCC”认证证书，图4-3是某厂家的认证证书。

9　当应急照明采用节能自熄开关控制时，消防状态下自动点亮的问题

在建筑电气图纸设计说明中，经常可以看到有类似“在消防状态下点亮应急照明”的要求。《住宅建筑规范》GB 50368—2005 第 8. 5. 3 条规定“当应急照明采用节能自熄开关控制时，必须采取应急时自动点亮的措施”。住宅工程由于节能的需要，公共部分的照明通常采用节能自熄的开关进行控制。但在消防状态下，必须能够将这部分照明自动点亮，也就是说无论现场的节能自熄开关是在“开”的位置，还是“关”的位置，均能将应急照明灯点亮。

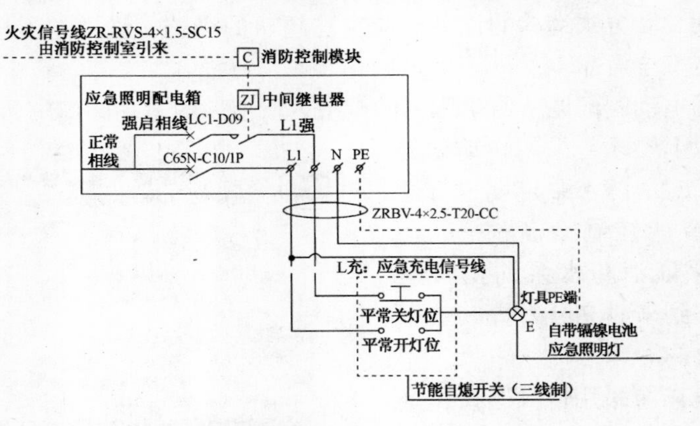

图 4-4　应急照明灯自动点亮接线图

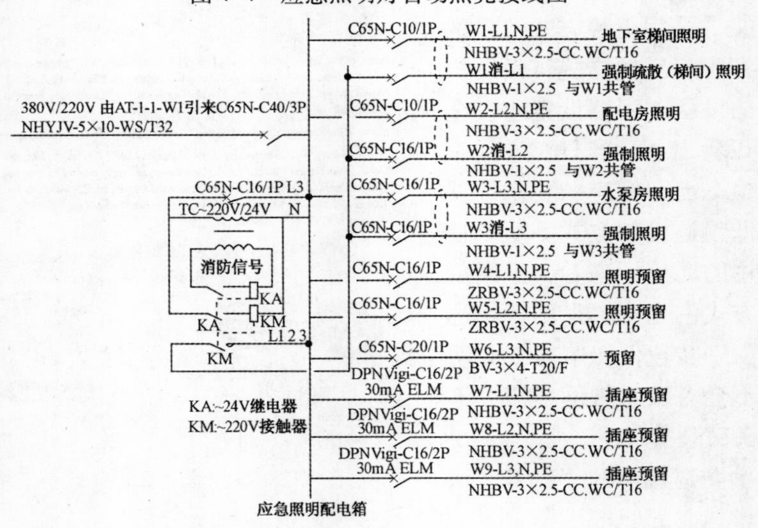

图 4-5　应急照明配电箱系统图

图4-4是某文献给出的应急照明灯自动点亮的接线图及图4-5应急照明配电箱系统图，供参考。

从以上应急照明灯自动点亮的接线图及应急照明配电箱系统图可以看出，自动点亮应急照明灯完全可以实现。而需要关注的重要问题是：点亮应急照明灯的信号从哪里来？如果住宅设置了火灾自动报警系统，那没有问题。如果没有设置火灾自动报警系统，那问题如何解决呢？笔者认为：发现这样的问题，应及时向设计人员反映。

10 利用普通照明灯具代替消防应急照明灯具问题

（1）消防应急灯具的定义和用途分类

按现行国家标准《消防应急照明和疏散指示系统》GB 17945-2010规定，消防应急灯具的定义、用途分类如下：

①消防应急灯具（fire emergency luminaire）

为人员疏散、消防作业提供照明和标志的各类灯具，包括消防应急照明灯具和消防应急标志灯具。

②消防应急照明灯具（fire emergency lighting luminaire）

为人员疏散、消防作业提供照明的消防应急灯具，其中，发光部分为便携式的消防应急灯具也称为疏散用手电筒。

③消防应急标志灯具（fire emergency indicating luminaire）

用图形和/或文字完成下述功能的消防应急照明：

a. 指示安全出口、楼层和避难层（间）；

b. 指示疏散方向；

c. 指示灭火器器材、消火栓箱、消防电梯、残疾人楼梯位置及其方向；

d. 指示禁止入内的通道、场所及危险品存放处。

④消防应急照明标志复合灯具（fire emergency lighting & indicating luminaire）

通过以上的术语和分类可以看出，消防应急照明灯具是消防应急灯具的一种。

（2）能否利用普通照明灯具代替消防应急照明灯具

在建筑工程中通常都设有消防应急照明，但一般均采用普通照明灯具，如：普通格栅灯、普通盒式荧光灯、普通筒灯等，这样的做法是否符合要求？

我们先来看一看《高层民用建筑设计防火规范》GB 50045—1995（2005年版）第9.2.5条的规定：

应急照明灯和灯火疏散指示标志，应设玻璃或其他不燃烧采用制作的保护罩。（条文说明：为防止火灾时迅速烧毁应急照明灯和灯火疏散指示标志，影响安全疏散，本条规定在应急照明灯具和疏散指示标志的外表面加设保护措施）。

从以上的规定可以看出，消防应急照明灯具不是普通照明灯具，而是一种专用灯具，其制造应符合《消防应急照明和疏散指示系统》GB 17945-2010 的规定。《消防应急照明和疏散指示系统》GB 17945-2010 第 6.1 条规定：

“消防应急照明和疏散指示系统及系统各组成部分若要符合本标准，应首先满足本章要求，然后按“第七章”有关规定进行试验，并满足试验要求。系统及系统组成可参考附录 A 的说明。”

其中“第七章”的试验项目如下：

试验程序：

按表 4-3 规定的程序进行试验。

试验程序 **表 4-3**

试验程序		试样编号	
项目编号	试验项目	1	2
1	基本功能试验	√	√
2	充、放电试验	√	√
3	重复转换试验	√	√
4	电压波动试验	√	√
5	转换电压试验	√	√
6	充、放电耐久试验	√	
7	绝缘电阻试验	√	√
8	接地电阻试验	√	√
9	耐压试验	√	√
10	高温试验	√	
11	低温试验		√
12	恒定湿热试验		√
13	振动试验		√
14	冲击试验	√	
15	静电放电抗扰度试验	√	
16	浪涌（冲击）抗扰度试验	√	
17	电源瞬变试验	√	

续表

试验程序		试样编号	
项目编号	试验项目	1	2
18	电压暂降、短时中断和电压变化的抗扰度试验	√	
19	射频电磁场辐射抗扰度试验		√
20	射频场感应的传导骚扰抗扰度试验		√
21	电快速瞬变脉冲群抗扰度试验		√
22	外壳防护等级试验	√	√
23	表面耐磨性能试验		√
24	抗冲击试验	√	

因此，只有符合《消防应急照明和疏散指示系统》GB 17945-2010“第六章”的基本规定，同时通过“第七章”试验项目试验的灯具，取得合格的检验报告，才能称为消防应急照明灯具，而普通灯具是不符合消防应急照明灯具要求的，我们在工程应用中应尤其加以重视。

11 消防应急灯具的分类问题

消防应急灯具有多种类型，按《消防应急照明和疏散指示系统》GB 17945-2010 规定共有四种分类方法，分别是：按用途、按工作方式、按应急供电形式、按应急控制方式分类。具体为：

（1）按用途分为：

①标志灯具

标志灯具是指：用图形和/或文字完成下述功能的消防应急灯具：

a. 指示安全出口、楼层和避难层（间）；

b. 指示疏散方向；

c. 指示灭火器材、消火栓箱、消防电梯、残疾人楼梯位置及其方向；

d. 指示禁止入内的通道、场所及危险品存放处。

②照明灯具（含疏散用手电筒）

照明灯具是指：为人员疏散、消防作业提供照明的消防应急灯具，其中，发光部分为便携式的消防应急照明灯具也称为疏散用手电筒。

③照明标志复合灯具

照明标志复合灯具是指：同时具备消防应急照明灯具和消防应急标志灯具功能的消防应急灯具。

（2）按工作方式分：

①持续型

持续型是指：光源在主电源和应急电源工作时均处于点亮状态的消防应急灯具。

②非持续型

非持续型是指：光源在主电源工作时不点亮，仅在应急电源工作时处于点亮状态的消防应急灯具。

（3）按应急供电形式分：

①自带电源型

自带电源型是指：电池、光源及相关电路装在灯具内部的消防应急灯具。

②集中电源型

集中电源型是指：灯具内无独立的电池而由应急照明集中电源供电的消防应急灯具。

③子母型

子母型是指：子消防应急灯具内无独立的电池而由与之相关的母消防应急灯具供电，其工作状态受母灯具控制的一组消防应急灯具。

（4）按应急控制方式分：

①集中控制型

集中控制型是指：工作状态由应急照明控制器控制的消防应急灯具。

②非集中控制型

非集中控制型在《消防应急照明和疏散指示系统》GB 17945-2010 中没有给出具体定义。

12　地面安装的消防应急灯具供电电压及防护等级问题

火灾发生时，由于消火栓及自动喷洒系统的启动，地面不可避免地会有积水，对于安装在地面的消防应急灯具，很可能引起漏电伤人事故，而消防应急灯具的供电回路又不允许设置剩余电流动作保护器作用于跳闸，如何解决这一问题呢？应该说采用安全电压供电是一项可行的措施。通常消防应急灯具采用220V供电，能否采用安全电压供电呢？在《消防应急照明和疏散指示系统》GB 17945-2010 中明确规定是应该采用：

主电源应采用220V（应急照明集中电源可采用380V），50Hz交流电源，主电源降压装置不应采用阻容降压方式；安装在地面的灯具主电源应采用安全电压。

需要说明的是：按规定交流 50V 以下均属于安全电压，如采用通常的 36V 并非绝对安全，潮湿场所应采用 24V，所以地面安装的消防应急灯具采用电压 24V 及以下的是比较安全的。

由于消防应急灯具在地面安装与吊装有明显的区别，所处环境更加恶劣，尤其是防尘、防水的要求更加严格，在《消防应急照明和疏散指示系统》GB 17945-2010 中对安装在室内地面和室外地面的灯具的防护等级有明确规定，规定如下：

安装在室内地面的消防应急灯具（以下简称灯具）外壳防护等级不应低于 GB 4028-2008 规定的 IP54，安装在室外地面的灯具外壳防护等级应不低于 GB 4028-2008 规定的 IP67，且应符合其标称的防护等级。安装在地面的灯具安装面应能耐受外界的机械冲击和研磨。

13 各类应急照明灯具接线问题

在电气施工中，我们会遇到多种应急灯具，有带蓄电池的，有不带蓄电池的；有常亮的，有需要点亮的。其接线各不相同，为方便大家了解，特将某文献的各类应急照明灯具的接线示意图图 4-6 提供如下，供大家参考。

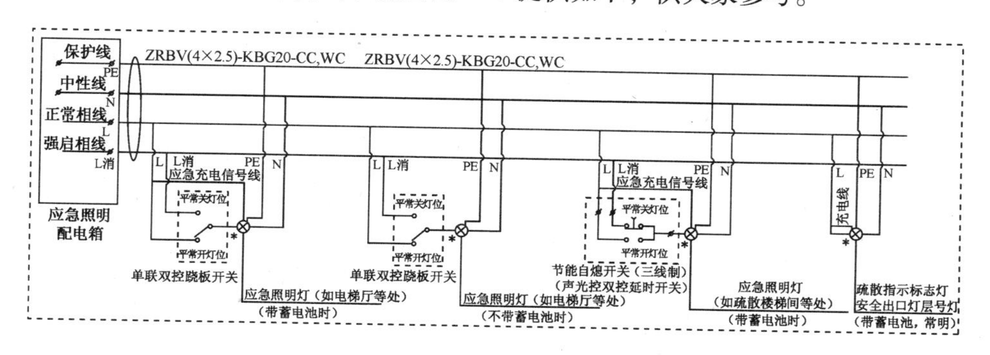

图 4-6 各类应急照明灯具接线示意图

14 应急照明灯具通过插座进行供电问题

目前，在一些工程中，尤其是装修改造工程中，出现了明装消防应急灯通过插座进行供电的情况，而且造成消防应急灯的电源线明露。

这种做法是否能够符合消防要求呢？大家知道，消防应急照明属于消防状态下仍继续工作的照明，按规范要求，在明敷设时应穿管保护，并刷防火涂料，所以，明露电源线肯定不符合要求。消防应急灯通过插座进行供电也不符合规范要求，《民用建筑电气设计规范》JGJ 16—2008 第 13.9.12 条第 4 款明确规定严禁在应急照明电源回路中连接插座。

以上的规范要求，在电气施工、监理过程中应引起足够的重视。

15 气体灭火系统电气联调控制问题

现代建筑的电子信息系统机房几乎均采用气体灭火系统进行消防保护，其控制系统有自动控制、手动控制和应急操作三种方式。三种操作方式的操作过程如下：

(1) 自动控制

在每个气体灭火保护区内都设有烟感探测器和温感探测器。发生火灾时，当烟感探测器报警，设在该保护区的警铃将动作；当温感探测器也报警时，设在该保护区的蜂鸣器及闪灯将动作，经过 30s（可调）的延时后，气体灭火控制盘将启动钢瓶的电磁阀启动器和相应保护区的选择阀电磁启动器，使气体沿管道和喷头输送到发生火灾的相应的保护区。

一旦气体释放后，安装在管道上的压力开关将气体已经释放的信号送回消防控制中心的气体灭火控制单元。而保护区域门外的蜂鸣器及闪灯在灭火期间将一直工作，警告所有人员不能进入保护区，直至确认火灾已经扑灭。

(2) 手动操作

一般情况下，气体灭火系统处于自动状态，当保护区发生火灾时，可以直接拉动手拉启动器，控制盘发出声、光报警信号，并启动钢瓶电磁阀启动器及相应的选择阀电磁启动器，释放出气体，同时控制盘输出信号到消防控制中心。

(3) 应急操作

应急操作是机械方式的操作，此种操作方式只有在控制系统失灵或遇断电（电池也没有电）时才使用。此时应先拉动相应保护区的区域选择阀手动启动器，再拉动相应的启动电磁阀手动启动器，使气体灭火系统启动。

在气体灭火过程中，还有一个环节往往容易被忽视，那就是气体释放前，还有一系列联动的工作要完成，包括关闭空调风管上的防火阀、保护区的电动防火门，切断空调系统的电源及其他非消防负荷。其中关闭空调风管上的防火阀、保护区的电动防火门是最重要的联动工作，因为气体灭火每个保护区的气体量均是通过计算确定的，如果气体通过风管或防火门泄漏，将可能使保护区内气体的浓度低于灭火要求的浓度，以致不能达到有效灭火的目的。

以上一系列气体释放前的联动工作，是在第一次报警后完成，还是第二次报警后完成？针对这一问题，大家的观点是不一样的，相关标准的规定也不一致。《火灾自动报警系统设计规范》GB 50116—1998 第 6.3.4 条是这样规定的：

消防控制设备对管网气体灭火系统应有下列控制、显示功能：

在延时阶段，应自动关闭防火门、窗，停止通风空调系统，关闭有关部位防火阀。

从以上规范规定可以看出，延时阶段是在第二次报警后开始的，所以气体释放前的联动工作要求是在第二次报警后完成。

国家标准图集《智能建筑弱电工程设计与施工》09X700 给出的气体灭火系统灭火流程图如图 4-7 所示：

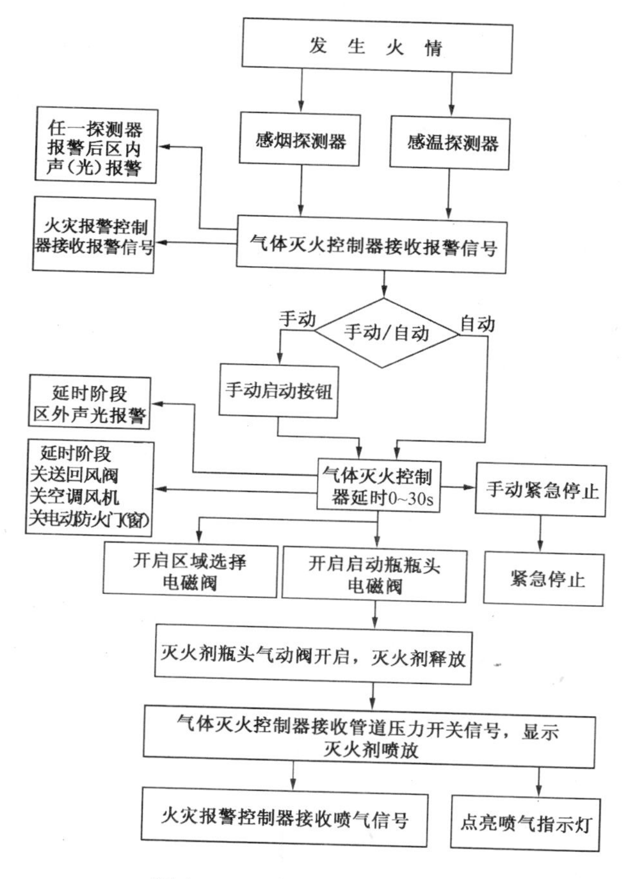

图 4-7　灭火程序（流程）图

从图 4-7 可以看出，气体释放前的联动工作也要求是在第二次报警后完成的。

华北标办图集《建筑电气通用图集 09BD9 火灾自动报警与联动控制》给出的气体灭火系统控制逻辑框图如图 4-8：

从图 4-8 可以看出，气体释放前的联动工作是要求在第一次报警后完成的。

那么，气体释放前的联动工作，是在第一次报警后完成，还是第二次报警后

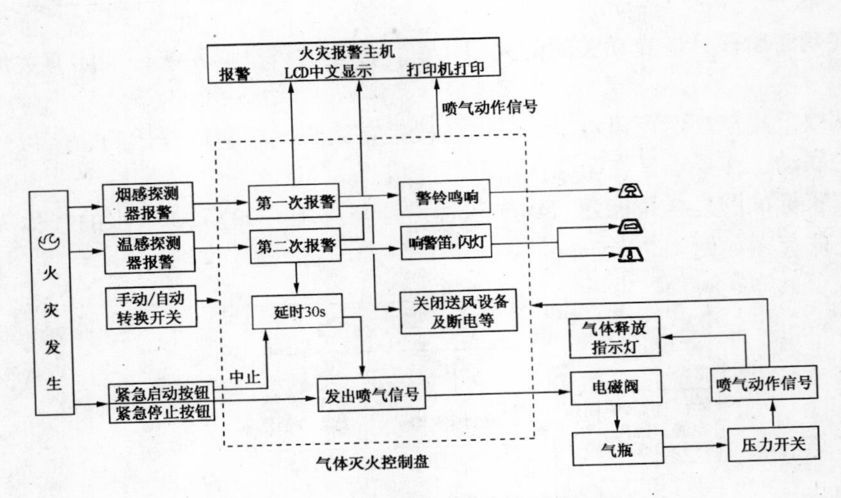

图 4-8　气体灭火系统控制逻辑框图

完成更合理呢?

笔者认第二次报警后完成联动工作更好一些。当系统处于自动状态，差别应该不大。只是如果第一次报警就完成联动工作（特指关防火阀、门，断非消防电源等），当发生误报时，可能会引起一些不便，如改变了正常运行环境条件、切除了正常运行的电源等。但当系统处于手动状态，发生火灾时，探测器无论是否报警，通过人员操作启动直接启动灭火程序，同时联动关防火阀、门，断非消防电源等工作。需要注意的是：系统处于手动状态，气体灭火控制器的延时应调至比较短的时间，甚至可以调至零，这样更有力于及时灭火。

16　电气线路穿防火墙、楼板的防火封堵问题

电气线路，包括电缆桥架、封闭母线等在穿越防火墙、楼板处的孔洞进行防火封堵是毋庸置疑的，但封堵后能不能达到应有的效果，一般很少有人进行关注。

防火墙、楼板由于所用材料不同、墙体或楼板厚度不同，其耐火极限也会有较大的差别。如：120mm 厚钢筋混凝土墙的耐火极限为 2. 5h；同为 120mm 厚的轻质混凝土砌块墙的耐火极限只有 1. 5h；180mm 厚钢筋混凝土墙的耐火极限为 3. 5h。《高层民用建筑设计防火规范》GB 50045—1995（2005 年版）的附录 A，给出了各类建筑构件的燃烧性能和耐火极限。

由于防火墙、楼板的耐火极限不同，而孔洞防火封堵的效果应不低于其耐火极限。《建筑防火封堵应用技术规程》CECS 154: 2003 第 3. 1. 4 条规定：贯穿防火封堵组件的耐火极限不应低于被贯穿物的耐火极限。这就要求我们了解所用的

防火封堵材料的耐火性能，是否满足防火墙、楼板的耐火极限。国家标准《防火封堵材料》GB 23864-2009 对防火封堵材料的耐火性能提出了明确规定：

①防火封堵材料的耐火性能按耐火时间分为：1h、2h、3h 三个级别。

②防火封堵材料的耐火性能应符合表 4-4 的规定。

防火封堵材料的耐火性能技术要求（h） **表 4-4**

序号	技术参数	耐火极限		
		1	2	3
1	耐火完整性	≥1.00	≥2.00	≥3.00
2	耐火隔热性	≥1.00	≥2.00	≥3.00

因此，在进行相关孔洞的防火封堵时，一定要弄清相关孔洞的防火墙或楼板的耐火极限，然后再确定防火封堵材料的耐火极限。这样，封堵后才能满足防火封堵所要达到的效果。

17 调光回路如何设置应急灯的问题

某项目为高级会所，装饰设计在大厅设计了6个照明回路，而且每个回路均需要调光，并且在每个回路设计了一个应急灯，要求正常情况下，每一回路的所有灯具均可调光，在消防情况下，需切断非消防电源，但作为每一回路上的应急灯应继续点亮。这种设计方式比较少见。设计图纸出来后，大家认为所需的功能难以实现。根据这一具体功能需要，我们设计了具体方案，如应急灯控制接线图 4-9 所示。

具体控制说明：

取其中一个回路，此回路按6个灯具加以说明，3 号灯为应急照明灯。

1）平时

（1）1、2、3、4、5、6 号灯自照明配电箱 AL 直接供电。

（2）3 号灯，自 AL 箱取电源（相线、中性线）至 ALE 箱内交流接触器的两对常闭触点到 3 号灯。

（3）通过调光模块对此回路的 6 个灯进行调光。

（4）此时，交流接触器线圈不得电，常开触点断开，常闭触点闭合。

2）消防状态

消防情况下，需切断非消防电源，即通过 AL 箱将 1、2、3、4、5、6 号灯的电源切断。同时，交流接触器线圈得电，交流接触器动作，两对常开触点闭合，

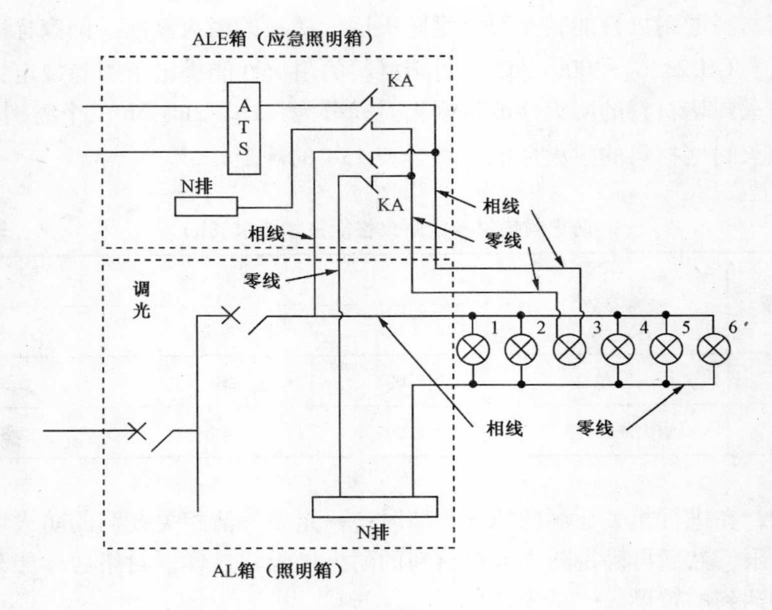

图4-9 应急灯控制接线图

图例说明：AL箱——正常照明箱；ALE箱——应急照明箱；

ATS——双电源转换开关；KA——交流接触器；调光模块安装在AL箱内；

省去PE排，未画。

由ALE箱的ATS送出电源（相线、中性线），点亮3号灯。同时，两对常闭触点断开，切断由AL箱送过来的电源回路（相线、中性线），

3）此种接线方式，可将任一盏灯设为应急灯。

18 线路、设备固有泄漏电流对电气火灾监控系统的影响问题

电气火灾监控系统，也称漏电火灾报警系统，根据《高层民用建筑设计防火规范》GB 50045—1995（2005版）和《建筑设计防火规范》GB 50016—2006，对火灾危险性大、人员密集等场所均需要设置，如：影剧院、仓库、住宅小区、医院、商店、学校等。电气火灾监控系统特点在于漏电监测，属于先期预报警系统，其基本原理是：当探测回路的漏电电流一旦超出设定值则发出报警信号。按《电气火灾监控系统　第2部分：剩余电流式电气火灾监控探测器》GB 14287.2-2005的规定：探测器报警值不应大于1000mA，且探测器报警值应在报警设定值的80%～100%之间。有的项目设置电气火灾监控系统后，系统开通后却不能正常运行，设定的报警值，如：500mA，总是报警，只能将报警设定值提高。有的

即使设定为1000mA，仍然报警，以至于不得不将系统关闭，这样完全失去了设置该系统的目的。

造成回路漏电电流过大，可能有多种原因，但线路、设备固有泄漏电流的影响却不能忽视，根据有关资料介绍，线路、电动机、荧光灯、家用电器、计算机等的固有泄漏电流于表4-5、表4-6、表4-7分别进行估算。

220/380V 线路每千米泄漏电流（mA） **表4-5**

绝缘材质	截面（mm^2）												
	4	6	10	16	25	35	50	70	95	120	150	185	240
聚氯乙烯	52	52	56	62	70	70	79	89	99	109	112	116	127
橡　皮	27	32	39	40	45	49	49	55	55	60	60	60	61
聚乙烯	17	20	25	26	29	33	33	33	33	38	38	38	39

电动机泄漏电流（mA） **表4-6**

运行方式	额定功率（kW）												
	1.5	2.2	5.5	7.5	11	15	19	22	30	37	45	55	75
正常运行	0.2	0.2	0.3	0.4	0.5	0.6	0.7	0.7	0.9	1	1.09	1.22	1.48
电动机启动	0.6	0.8	1.6	2.1	2.4	2.6	3	3.5	4.6	5.57	6.6	7.99	10.5

荧光灯、家用电器、计算机泄漏电流（mA） **表4-7**

设备名称	型　　式	泄漏电流（mA）
荧光灯	安装在金属构件上	0.1
	安装在木质或混凝土构件上	0.02
家用电器	手握式Ⅰ级设备	≤0.75
	固定式Ⅰ级设备	≤3.5
	Ⅱ级设备	≤0.25
	Ⅰ级电热设备	≤0.75～5
计算机	移动式	1
	固定式	3.5
	组合式	15

第五章　防雷、接地及等电位常见问题

1　关于“接地”作用的问题

在建筑电气施工过程中，经常遇到电气装置的外露可导电部分（金属外壳）“接地”的问题，但“接地”的作用是什么？有的人员并不十分清楚。我们遇到最多的是保护接地，保护接地的作用有两个：

(1) 降低外露可导电部分的对地电压或接触电压。

如图 5-1 所示，当电气设备发生碰外壳短路接地故障时，如果未做保护接地，设备外壳上的接触电压 U_t 即为 220V 相电压，使人电击致死的危险性非常大。

如果做了如图 5-2 所示的保护接地，当发生碰相线外壳接地时，将会形成故障电流 I_d 返回电源的通路，使接触电压 U_t 大幅度减小，其值为故障电流 I_d 在接地电阻 R_A 和保护地线（PE 线）产生的电压降 I_d（$R_A + Z_{PE}$），其值比 220V 小许多。由此还可以看出，接地电阻 R_A 越小，接触电压 U_t 越小，使人电击致死的危险性也在减小。

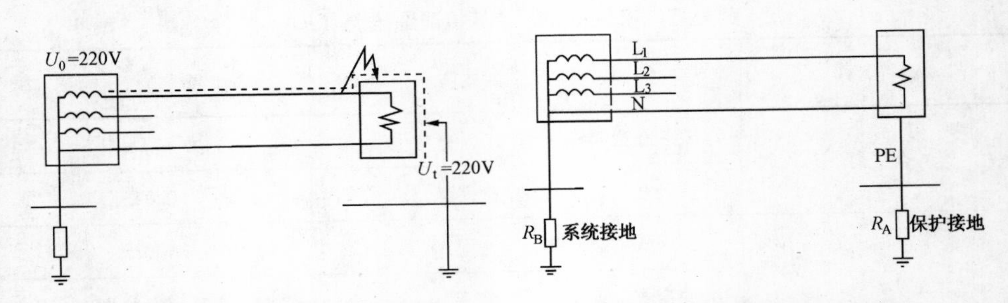

图 5-1　不作保护接地发生接地故障时间接触电压达 220V

图 5-2　系统接地和保护接地

(2) 使电气线路首端的保护电器动作，切断电源。

电气装置的外露可导电部分（金属外壳）接地后，当发生相线碰外壳时，回路的故障电流 I_d 大幅上升，使回路首端的过电流防护电器或剩余电流动作保护器及时切断电源，接触故障设备的人不致电击致死。

另外，在采用 TN-S 系统时，工程中还经常有如下两种情况：

①不单独设接地极，通过 PE 线接地（图 5-3）。

②既通过 PE 线接地，又设接地极（图 5-4）。

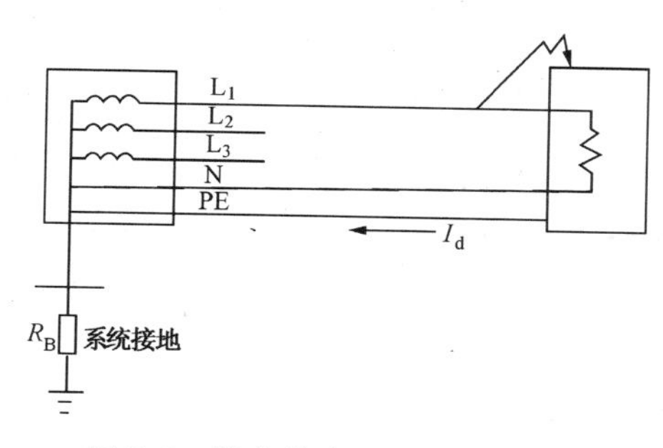

图 5-3　设备外壳通过 PE 线接地

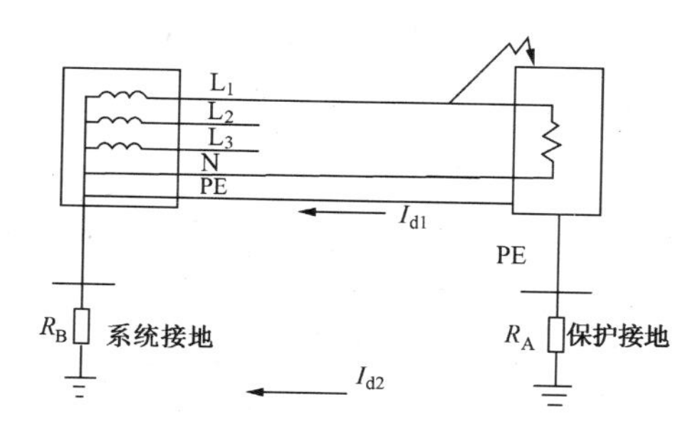

图 5-4　设备外壳既通过 PE 线接地，还设接地极

以上两张图的保护接地做法，在工程上都有应用，当发生相线碰外壳时，图 5-3 回路的故障电流 I_d 将通过 PE 线返回电源；图 5-4 回路的故障电流 I_d（I_{d1} 和 I_{d2}）将通过并联的两个回路（PE 线及两个接地电阻的回路）返回电源，但 PE 线的电阻远小于两个接地电阻值和，因此，两个接地电阻回路的分流 I_{d2} 可忽略不计。

这两种情况，由于回路电阻都很小，因此故障电流 I_d 比较大，将使回路首端的过电流防护电器迅速切断电源。

2　关于“工作接地”的问题

“工作接地”的叫法不是很规范，应称为系统接地（system earthing）。（关于系统接地大部分引用王厚余老先生的论述）系统接地是为使系统正常和安全运行在带电导体上某点所做的接地，例如在变压器低压侧中性线或低压发电机中性线上某点的接地。系统接地的作用是给配电系统提供一个参考点位，对 220V/380V 的配电系统的中性点接地后，其对地电位就大体“钳住”在 220V 这一电压上。当发生雷击时，配电线路感应产生大量电荷，系统接地可将雷电荷泄放入地，降低线路上的雷电冲击过电压，避免线路和设备的绝缘被击穿损坏。高低压共杆的架空线路，如果高压线路坠落在低压线路上，将对低压线路和设备产生危险，有了系统接地后，可构成高压线路故障电流通过大地返回高压电源的通路，使高压侧继电保护检测出这一故障电流而动作，从而消除这一危险。当低压线路发生接地故障时，系统接地也提供故障电流经大地返回电源的通路，使低压线路上的保护电器动作。

如果不做系统接地，如图 5-5 所示，当系统中一相发生接地故障时，另两

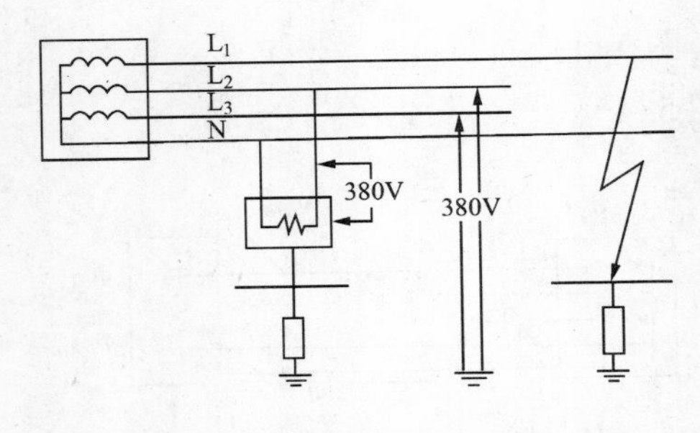

图 5-5　无系统接地时一相故障接地另两相对地电压达 380V

相对地电压将高达 380V。由于没有返回电源的导体通路，故障电流仅为两非故障相线对地电容电流的相量和，其值甚小，通常的过电流防护电器不能动作，此故障过电压将持续存在，人体如触及无故障相线，接触电压将为线电压 380V，电击致死危险性很大。另外电气设备和线路也将持续承受 380V 的对地过电压，对其绝缘安全也是不利的。

3　关于“重复接地”的问题

(1)“重复接地”不能解决设备烧毁问题

在我们建筑电气施工过程中还经常遇到“重复接地”的问题。但对“重复接地”的概念有的人还存在一定的误解，尤其是对中性线（俗称“零线”）要做“重复接地”的问题。他们认为做重复接地后，可用大地代替中断的中性线作为返回电源的通路，可避免烧毁电气设备。其实情况并非如此。大家都知道，三相四线配电回路中三相负荷不平衡，而中性线未断线，各相电压均是相同的 220V，是不会烧毁设备的，只是出现了中性点飘移。当中性线断线（俗称“断零”）时，各相电压则会发生很大变化，有的相高，有的相低，如图 5-6 所示。

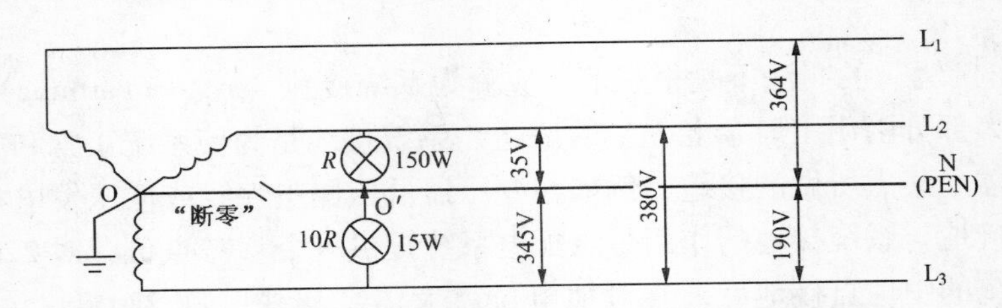

图 5-6　中性线断线后三相负载不平衡，三相电压也不平衡

从图中可以看出，无负荷的相电压高达 364V，15W 负荷的相电压为 345V，而 150W 负荷的相电压只有 35V，因此负荷越小的相，电压越高，也容易发生烧毁设备的事故。

当将中性线做重复接地后，用大地通路代替中断的中性线作返回电源的通路，是否可避免烧设备事故呢？答案是不可能的。因中性线阻抗以若干毫欧计，而大地通路阻抗则以若干欧计（系统接地通常要求不大于 4Ω，重复接地不大于 10Ω），相差悬殊。因此，“断零”后三相电压依然严重不平衡，只是程度稍轻一些，烧坏设备的时间稍长一些而已。

（2）“重复接地”的设置问题

应该明确中性线是不应做“重复接地”的，因为TN系统的中性线（N线）和保护地线（PE线）一旦分开后，中性线（N线）将与地绝缘，不能再接地，这是系统的要求。“重复接地”应是针对PE线而言的。重复接地应是电源端系统接地的重复设置。在TN系统中负荷端的设备外露可导电部分通过PE线实现了保护接地。但有的情况是：设备距离电源端较远，所以将PE再做重复接地，使PE线在故障情况下更接近地电位，对电气安全是更有利的。

4 关于重复接地的接地电阻值问题

通常重复接地的接地电阻值要求不大于10Ω，其实一般情况下，接地电阻值再大一些也是可以满足要求的。

当采用TN系统时，按《建筑物电气装置　第4-41部分：安全防护　电击防护》GB 16895.21-2011/IEC 60364-4-41:2005的规定：当发生接地故障时，回路阻抗应能使其在规定的时间内切断电源，应满足下式要求：

$$Z_s \times I_a \leqslant U_0$$

式中　Z_s——故障回路阻抗；

I_a——保证防护电器在规定时间内动作的最小电流；

U_0——标称交流线对地电压。

因此，用普通断路器做防护电器时，发生接地故障需要切断电源只与回路的阻抗有关，而与接地电阻值无关。

当采用TT系统时，由于需配置剩余电流动作保护器，为满足预期接触电压超过50V时，故障电流I_d应大于剩余电流动作保护器在规定时间内切断电源的可靠电流，应满足下式要求：

$$R_A \times I_a \leqslant 50V$$

式中　R_A——接地电阻；

I_a——保证剩余电流动作电器在规定时间内动作的最小电流。

当剩余电流动作保护器的额定动作电流$I_{\Delta n}$为30mA时，按上式计算，R_A的电阻值可为1667Ω。

当环境为潮湿环境，如施工现场，其预期接触电压为25V时，按公式$R_A \times I_a \leqslant 25V$计算，$R_A$的电阻值可为833Ω。

当施工现场总配电箱中剩余电流动作保护器的额定动作电流$I_{\Delta n}$为500mA时，按公式$R_A \times I_a \leqslant 25V$计算，$R_A$的电阻值可为50Ω。

通过以上的计算可知，系统重复接地的接地电阻值要求并不是很高，而且也是比较容易实现的。

5 接地装置的接地体需埋至冻土层以下的问题

《建筑电气工程施工质量验收规范》GB 50303—2002 及《电气装置安装工程接地装置施工及验收规范》GB 50169—2006 中均规定：接地体的埋深不小于0.6m。由于我国幅员辽阔，在北方有的地区0.6m甚至更深还属于冻土层，接地体埋深是否应该设在冻土层下呢？笔者认为应该是肯定的。因为接地装置的接地电阻要低于一定数值才能保证电气系统或人身安全。而电阻的温度系数是负的，也就是说土壤温度下降时，如果它所含的水分不变，那温度越低，电阻越大，土壤冻结后的接地电阻是相当大的，因此，为保证所需的低接地电阻值，应将接地体埋设在冻土层以下。

6 接地系统分类问题

常用的接地系统在很多的规范或参考书上均有介绍，接地系统分为：TN 系统、TT 系统和 IT 系统；TN 系统又分为：TN-C 系统、TN-C-S 系统和 TN-S 系统。国际标准对各系统的标准图画法，由于发布的时间不同也有一些不同的变化。先将目前最新国际标准 IEC 60364-1:2005 转换成国标 GB/T 16895.1-2008 的各系统的典型画法做一介绍。

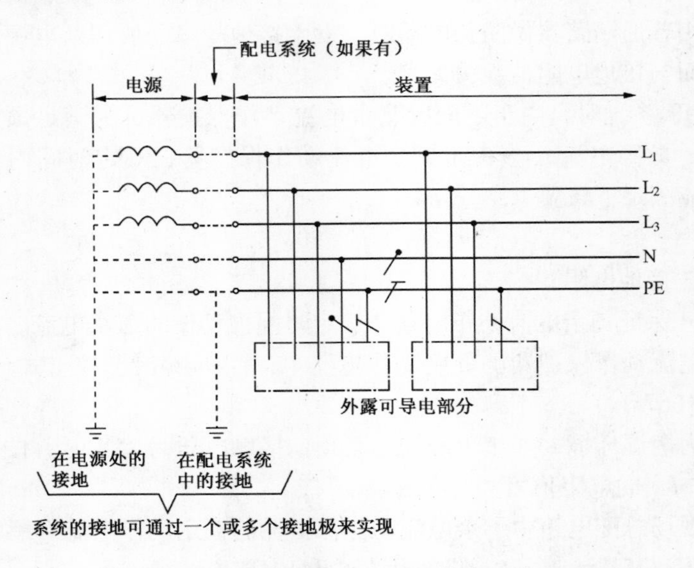

图 5-7 全系统将中性导体与保护导体分开的 TN-S 系统

注：对装置的 PE 导体可另外增设接地。

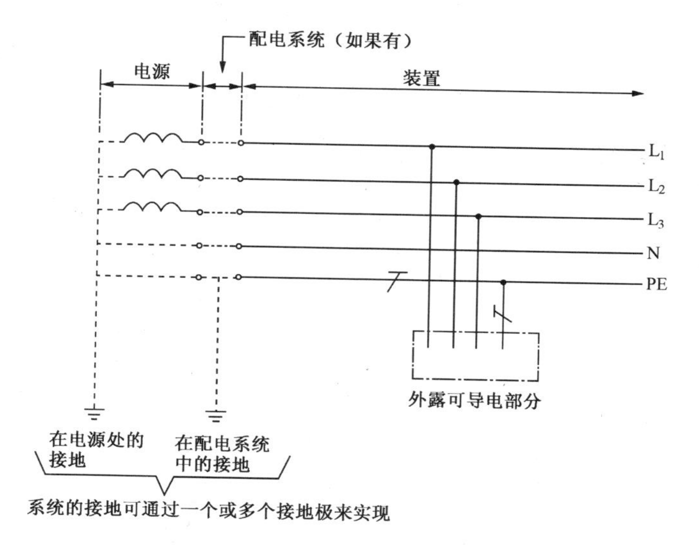

图 5-8　全系统采用接地的保护导体和未配出中性导体的 TN-S 系统

注：对装置的 PE 导体可另外增设接地。

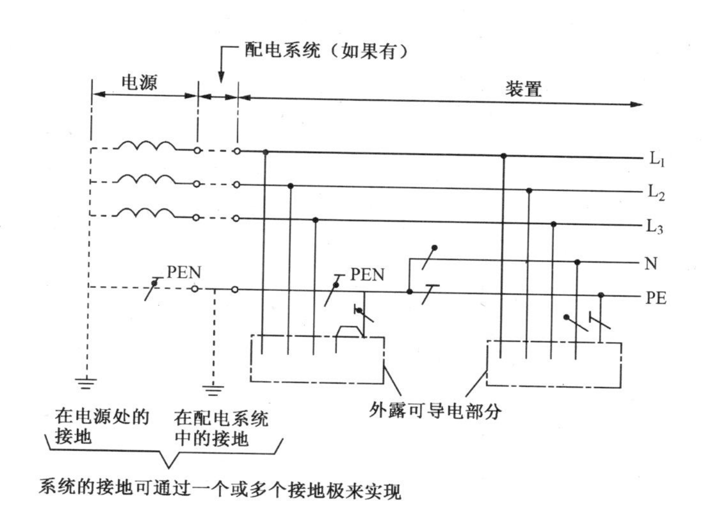

图 5-9　在装置非受电点的某处将 PEN 分离成 PE 和 N 的三相四线制的 TN-C-S 系统

注：对装置的 PEN 或 PE 导体可另外增设接地。在系统的一部分中，中性导体和保护导体的功能合并在一根导体中。

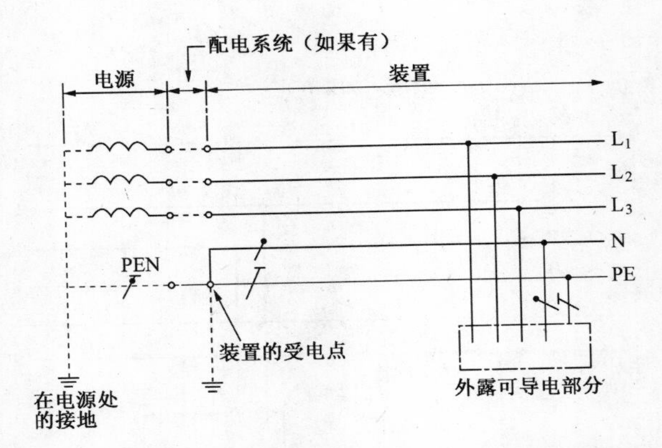

图 5-10　在装置的受电点将 PEN 分离成 PE 和 N 的三相四线的 TN-C-S 系统

注：对配电系统的 PEN 和装置的 PE 导体可另外增设接地。

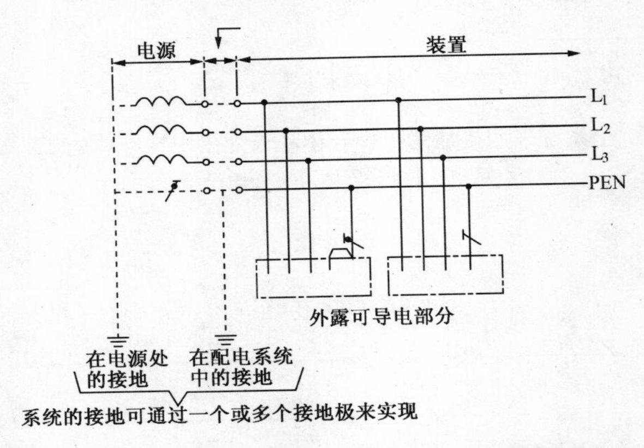

图 5-11　全系统采用将中性导体的功能和保护导体的功能合并于一根导体的 TN-C 系统

注：对装置的 PEN 可另外增设接地。

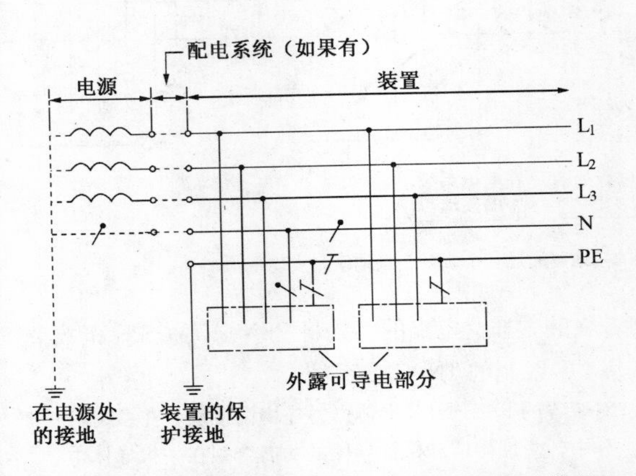

图 5-12　全部装置都采用分开的中性导体和保护导体的 TT 系统

注：对装置的 PE 可提供附加的接地。

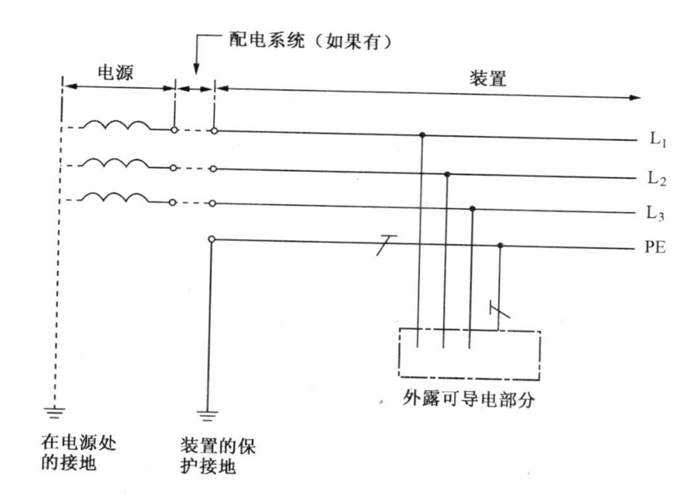

图 5-13　全部装置都具有接地的保护导体，但不配出中性导体的 TT 系统

注：对装置的 PE 导体可另外增设接地。

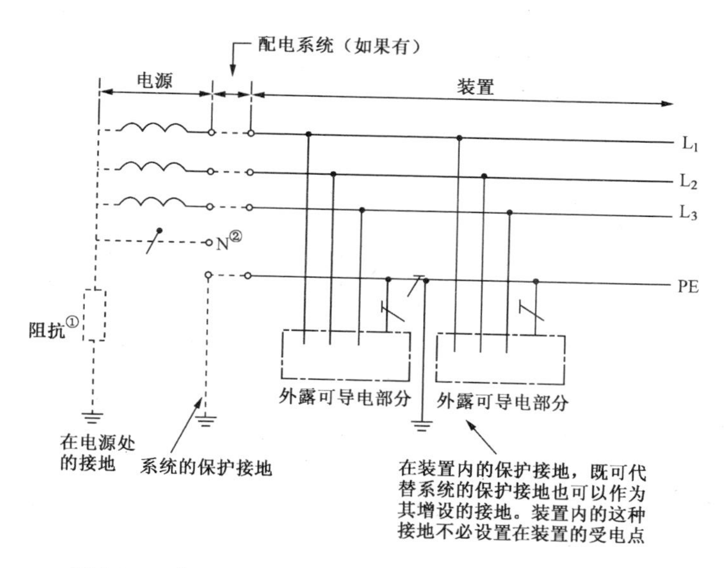

图 5-14　将所有的外露可导电部分采用保护导体相连后集中接地的 IT 系统

注：装置的 PE 导体可另外增设接地。

①该系统可经足够高的阻抗接地。例如，在中性点、人工中性点或相导体上都可以进行这种连接。

②可以配出中性导体也可以不配出中性导体。

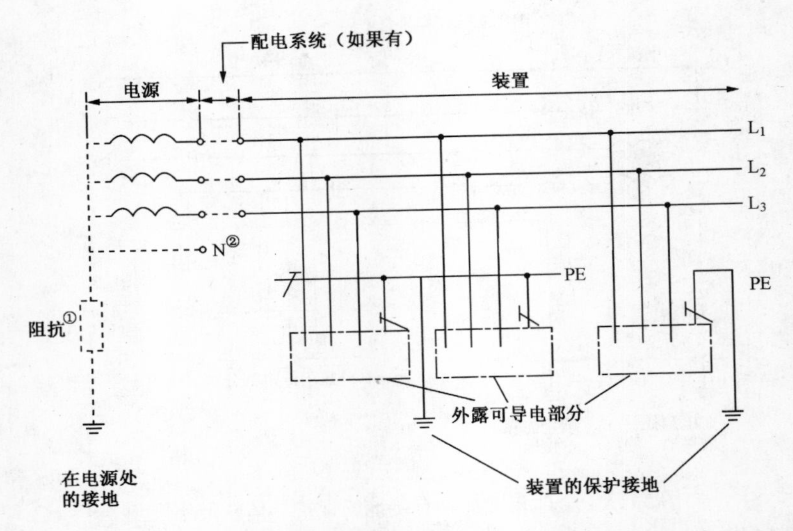

图 5-15　将外露可导电部分分组接地或独立接地的 IT 系统

注：对装置的 PE 导体可另外增设接地。

①该系统可经足够高的阻抗接地。

②可以配出中性导体也可以不配出中性导体。

7　TN-C-S 系统的 PEN 线在建筑物电源进线处转换成 N 线和 PE 线的做法问题

TN-C-S 系统的 PEN 线在建筑物电源进线处转换成 N 线和 PE 线时，是先接至中性线（N 线）母排，还是 PE 线母排？目前较多的做法如图 5-16 所示。

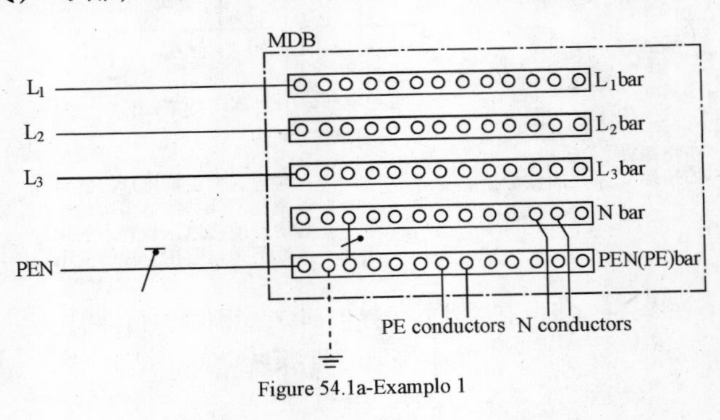

图 5-16　PEN 线转换成 N 线和 PE 线例 1

PEN 线先接至 PE 母排，然后通过连接母排接至中性线（N 线）母排。这一做法的优点是：当连接母排连接不良，中性线电路不导通，设备不能工作时，故障可及时发现并修复，不致发生电气事故。

如按图 5-17 所示接线，PEN 先接至中性线（N 线）母排，如果连接母排连接不良，则整个系统内的设备都失去 PE 线的接地，而设备仍正常工作，存在的不接地的隐患不能被及时发现，对人身安全十分不利。

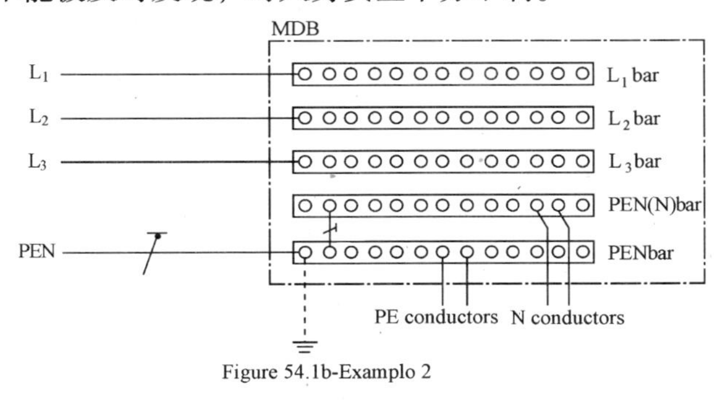

图 5-17　PEN 线转换成 N 线和 PE 线例 2

图 5-18 也是一种接线方式，PEN 线先接至 PEN 母排，然后自 PEN 母排引出两个连接母排分别接至中性线（N 线）母排和 PE 母排。

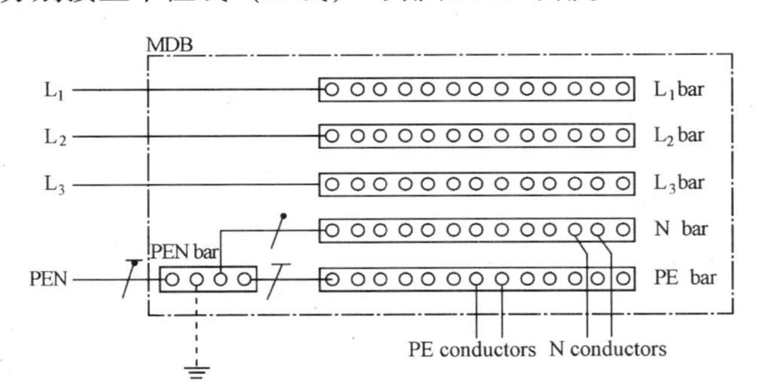

图 5-18　PEN 线转换成 N 线和 PE 线例 3

需要说明的是，这三种连接方式均是 IEC 标准中的范例，都是可以采用的。笔者认为应优先采用第一种方式，优点不再赘述。关于第二、第三种方式也可以采用的原因，笔者认为可能是考虑所有的连接均由母排进行连接，且由专业人员进行操作，可靠性应该是有保证的。

8　如何理解 TT 系统中 $R_A I_a \leqslant 50V$ 或 $R_A I_a \leqslant 25V$ 的问题

TT 系统为防间接接触电击，要求防护电器——RCD 的动作特性应符合：于燥环境下，$R_A I_a \leqslant 50V$ 或潮湿环境下，$R_A I_a \leqslant 25V$。50V 和 25V 分别为干燥和潮湿条件下预期接触电压，也就是说当发生相线碰外壳接地故障时，外壳对地电压达到 50V 或 25V 时，RCD 一定要动作，从而保证人身安全。

将公式 $R_A I_a \leqslant 50V$ 转换为 $R_A \leqslant 50/I_a$。

式中 R_A——设备接地电阻（Ω）；

I_a——RCD 动作电流（A）；

50——干燥条件下预期接触电压（人体安全电压，V）。

当漏电动作电流为 30mA（即 0.03A）时，通过上式计算，设备接地电阻 R_A 为 1667Ω。有人认为发生相线碰外壳接地故障时，外壳对地电压，也就是人可能接触到的就是 50V。这种理解应该说是不正确的。此时，设备外壳对地的电压应接近相电压。假设变压器中性点的接地电阻为 4Ω，发生相线碰外壳时，不计相线电阻，外壳的对地电压为：

$$\frac{1667}{1667+4} \times 220 = 220V$$

当设备的接地电阻降低，如：也为 4Ω，则外壳的对地电压为：

$$\frac{4}{4+4} \times 220 = 110V$$

此值仍远高于 50V，为使外壳对地为 50V，需要进一步降低设备接地电阻值，可由下式求得：

$$\frac{R_A}{4+R_A} \times 220 = 50$$

$$R_A = \frac{200}{170} = 1.2\Omega$$

也就是说，在变压器中性点的接地电阻值为 4Ω 时，要想使设备外壳的对地电压降低至安全电压 50V，需使设备的接地电阻降至 1.2Ω。

$$\frac{1.2}{4} = 0.3$$

即设备的接地电阻只有不大于 0.3 倍的变压器中性点的接地电阻值时，才能保证设备外壳的对地电压不大于 50V。

但对 TT 系统来讲，由于配电回路设有 RCD，不必追求过低的设备接地电阻值，通常一根接地极的接地电阻值也不会超过 100Ω，而对于漏电动作电流为 30mA 的 RCD，理论上 1667Ω 就可以满足要求，所以，100Ω 的接地电阻值完全可以保证 RCD 可靠动作，而 100Ω 的接地电阻值在实际工程中是很容易达到的。此时的漏电电流为：

$$\frac{220}{4+100} = 2.115A$$

对于漏电动作电流为30mA的RCD，2.115A的电流应能使RCD瞬时动作，以使触碰设备外壳的人体免受电击的伤害。

9 不间断电源（UPS）输出的中性线接地问题

现电子信息系统机房为保证其供电的可靠性，机房设备几乎均由不间断电源（UPS）供电。自UPS输出的中性线是否需要接地？国家标准《建筑电气工程施工质量验收规范》GB 50303—2002第9.1.4条规定：不间断电源输出端的中性线（N极），必须与由接地装置直接引来的接地干线相连接，做重复接地。其条文解释是这样说的：不间断电源输出端的中性线（N极）通过接地装置引入干线做重复接地，有利于抑制中性点漂移，使三相电压均衡度提高。同时，当引向不间断电源供电侧的中性线意外断开时，可确保不间断电源输出端不会引起电压升高而损坏由其供电的重要设备，以保证整栋建筑物的安全使用。

但国家标准《建筑物电气装置 第5-54部分：电气设备的选择和安装接地配置、保护导体和保护联结导体》GB 16895.3-2004/IEC 60364-5-54:2002第543.4.3条规定：如果从装置的任一点起，中性导体和保护导体分别采用单独的导体，则不允许将该中性导体再连接到装置的任何其他的接地部分（例如：由PEN导体分接出的保护导体）。《民用建筑电气设计规范》JGJ 16—2008第12.2.3条规定：采用TN-C-S系统时，当保护导体与中性导体从某点分开后不应再合并，且中性导体不应再接地。显然，中性线是不允许重复接地的。

根据某文献介绍，UPS装置基本单元根据整流与逆变的方式可分为：(1) 半桥整流、半桥逆变连接方式；(2) 半桥整流、全桥逆变连接方式；(3) 全桥整流、半桥逆变连接方式；(4) 全桥整流、全桥逆变连接方式。

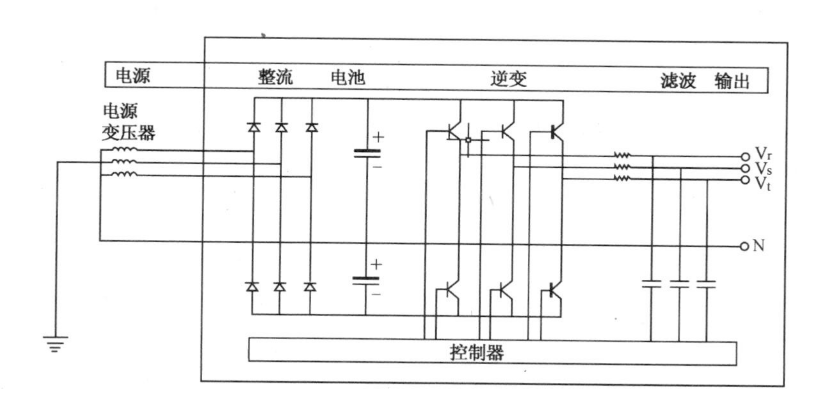

图5-19 半桥整流半桥逆变

从原理图可以看出，UPS 的输入和输出的中性线有的是直接相连的，如果中性线再接地将违反 GB 16895.3-2004 和 JGJ 16-2008 的规定。

当 UPS 设置隔离变压器，相当于自隔离变压器开始另启了一个电源。用隔离变压器供电可防范从电源侧传导来的故障电压引起的电气事故。而隔离变压器二次回路导体是不允许接地的，所以中性线也不应接地。

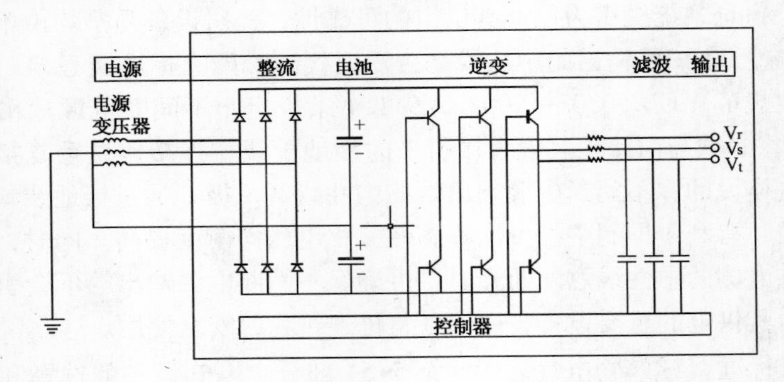

图 5-20　半桥整流全桥逆变

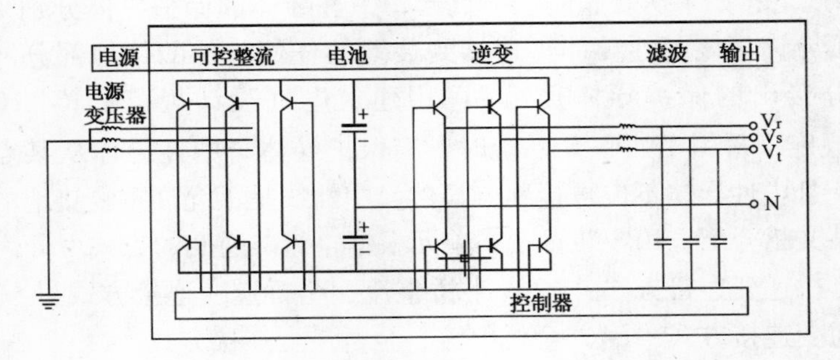

图 5-21　全桥整流半桥逆变

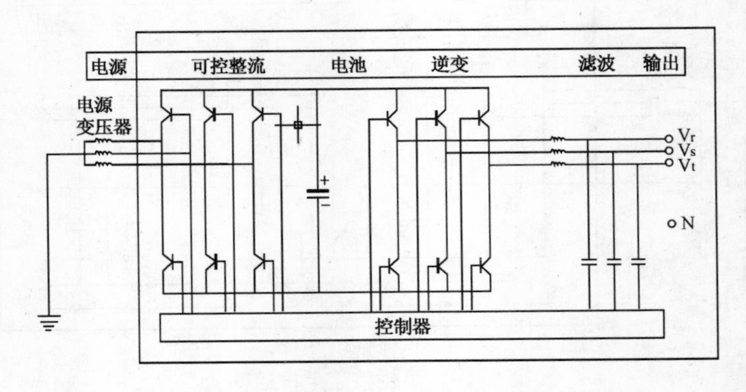

图 5-22　全桥整流全桥逆变

因此，UPS中性线是否需要接地与其整流、逆变方式以及是否设置隔离变压器有密切关系。在实施前，应充分了解该UPS的原理，也可请厂家出具其引出的中性线是否需要接地的技术说明，以保证满足规范要求。

10 卫生间局部等电位问题

（1）哪些卫生间需要做局部等电位联结

关于卫生间局部等电位联结，首先应该明确：只有具备洗浴功能的卫生间或浴室才需要做局部等电位，而公共卫生间不需要做局部等电位。由于人在沐浴时，人体皮肤湿润，阻抗大幅度下降，如果此时自金属管道引入危险电位，人被电击致死的危险很大。因此需在具备洗浴功能的卫生间或浴室内将各种金属管道和构件用导体相互连通，使卫生间或浴室局部范围内形成等电位，不产生电位差，使人免受电击的伤害。而在公共卫生间，人体皮肤干燥，不具备浴室内的电击危险条件，因此，公共卫生间不需做等电位。

（2）关于浴室局部等电位做法问题

通常需在浴室墙上设置局部等电位端子盒，盒内设铜端子排，而需要将哪些金属构件接至端子排，实际工程的做法可以说是差别很大，其中问题较大的做法有如下几种：

①自端子排引出镀锌扁钢接至强电竖井内PE干线；

②自端子排引出镀锌扁钢接至防雷引下线；

③自端子排引出铜线接至浴室吊顶内的镀锌扁钢（镀锌扁钢已接至浴室顶板钢筋）；

④自端子排引出铜线接至卫生间内散热器（散热器的进出水管为PPR管）。

这几种做法，都是有问题的。①和②的做法均引出浴室，首先打破了局部等电位的概念，其次自PE干线和防雷引下线可能引高电位进入室内，应该说有害无益。卫生间做局部等电位联结，是为防止自外面进入卫生间的金属管线引入高电位，而使地面和其他金属物之间不产生电位差，也就不会发生电击事故。有的电气技术人员认为卫生间局部等电位应接地，所以将其接至防雷引下线，完成所谓接地。这种认识是有一定问题的，首先，卫生间做好局部等电位，已完全可以满足防止人身发生电击事故的初衷，其次将卫生间局部等电位接至防雷引下线，可能会将雷电流引入卫生间，造成不必要的人身伤害。③的做法没有意义，因为在浴室内沐浴的人不可能接触浴室的顶板。④的做法没有必要，而且PPR管是塑料管，不可能自PPR管引入危险电位至散热器。

必须接至等电位端子排的应该是：

——浴室地板钢筋网；

——进入浴室的金属管道；

——浴室内插座的 PE 线。

人在沐浴时身体表皮会湿透，人体电阻很低，如有高电位引入，电击致死的危险性很大，而人在沐浴时，必然要与地面相接触，因此，浴室地板钢筋网应接至等电位端子排。进入浴室内的金属管道可能引入危险电位，因此，金属管道应接至等电位端子排。浴室内的插座有可能接用 I 类电气设备，而当设备故障时有可能使其外壳带危险电位，因此浴室内插座的 PE 线应接至等电位端子排。

需要说明的是：在浴室内孤立的金属导体可不用纳入等电位联结范畴，如：毛巾杆、浴巾架、扶手、肥皂盒等，因为这些孤立的金属导体不会像金属管道那样引入危险电位。

（3）关于浴室局部等电位测试问题

等电位联结安装完成后，应进行导通性测试。采用低阻抗的欧姆表对等电位联结端子板与等电位联结范围内的金属管道等金属体末端之间的导通性进行测试，等电位联结端子板与等电位联结范围内的金属管道等金属体末端之间的电阻值不应超过 3Ω，可认为等电位联结是有效的。如发现导通不良的管道连接处，应做跨接线。

11　防雷引下线设置的问题

众所周知，建筑物防雷装置通常由接闪器、引下线、接地装置等组成，而引下线是连接接闪器和接地装置的重要环节，其设置是否合理是涉及建筑物内部设备及人身安全的关键问题。有的工程不仅利用建筑物四周柱内钢筋做引下线，而且还利用建筑物内柱子钢筋做引下线，建筑物内引下线穿过屋顶防水层与避雷网格相连接，这样的做法应该说是不符合防雷理念的。

《建筑物防雷设计规范》GB 50057—2010 要求（以二类防雷为例）：专设引下线不应少于两根，并应沿建筑物四周和内庭院四周均匀对称布置，其间距沿周长计算不应大于 18m。当建筑跨距较大，无法在跨距中间设引下线时，应在跨距两端设引下线并减小其他引下线的间距，专设引下线的平均间距不应大于 18m。

通过以上规定可以看出，建筑物防雷引下线应设在建筑物的四周，一旦建筑物遭受雷击，通过引下线将巨大的雷电流从建筑物的四周引入地下，而不将雷电流引入室内，从而保护了建筑物内的设备及人身安全。犹如下雨天人穿了蓑衣一样，蓑衣将雨引下，使人体免受雨水淋湿。

接闪装置接闪时，引下线会立即升至高电位，会对其周围的金属物、设备、人产生旁侧闪击，对人员和设备构成危害。有资料介绍：对于引下线，在 1.8m 高的地方，有 180kV 对地电压，这个电压足以击穿 0.4m 的空气间隙。

2007年5月23日，重庆市开义县和镇兴业村小学遭遇雷击，造成该校7名学生死亡、40多人受伤的不幸事件。事后通过分析得知：遭雷击时教室屋顶的高压在100～120万伏左右，四周的墙体净高4m，此电压产生的雷电流沿墙体下泄，墙体每米高度约承受25～30万伏。靠窗坐的学生被这25～30万伏电压从身旁击中，也就是旁侧闪击，导致7名学生死亡。其他学生也依其与窗口的距离和位置的不同而伤情不同。坐在教室中间的学生则幸免于难。

因此，利用建筑物内柱子做防雷引下线确实存在很大的危险性，不应采取此种做法。但如果由于建筑结构本身的原因而无法避免时，需要采取相应的防范措施。

为了减少这种旁侧闪击危险，最简单、有效的办法是采取均压处理措施，即将其周围的金属体、设备的金属外壳及地板的钢筋网做好等电位联结。这样在雷电流通过时，使所有设施立即形成一个等电位体，保证导电部件之间不产生有害的电位差，不发生旁侧闪击放电。完善的等电位联结还可以防止雷电流入地造成的地电位升高所产生的反击。

通过以上的分析可知，将雷电流引入室内会对人和设备产生很大的危险性，尤其是对人员密集和具有众多智能化弱电设备的建筑，一旦发生雷击，巨大的雷电流和高电压将产生旁侧闪击或反击，损失会更加严重。防雷系统是保证建筑物、人员、设备安全的重要系统，需严格按照《建筑物防雷设计规范》GB 50057—2010进行设计，而对引下线的设置，应结合建筑结构的具体形式，分析其特点，作出恰当的选择，并辅以相应的措施。

12 利用结构钢筋做防雷装置，连接处是否需要焊接问题

一般钢筋混凝土建筑，电气设计都采用结构柱内钢筋做引下线、底板钢筋做接地体。在施工过程中，经常遇到钢筋采用绑扎和直螺纹连接的方式，但连接处是否需要焊接或跨接焊的问题，电气技术人员经常出现不一致的看法。

国家标准《建筑物防雷设计规范》GB 50057—2010第4.3.5条第6款（强制性条款）规定：利用建筑物钢筋做防雷装置时，构件内有箍筋连接的钢筋或成网状的钢筋，其箍筋与钢筋、钢筋与钢筋应采用土建施工的绑扎法、螺丝、对焊或搭焊连接。单根钢筋、圆钢或外引预埋连接板、线与构件内钢筋应焊接或采用螺栓紧固的卡夹器连接。

从以上的规定可以看出，利用建筑物钢筋做防雷装置（包括引下线、接地装置）时，钢筋与钢筋连接采用绑扎、直螺纹和焊接均是满足要求的。而且在条文说明中明确“钢筋之间的普通金属丝连接对防雷保护来说是完全足够的”。

国家标准《建筑物防雷工程施工与质量验收规范》GB 50601—2010第3.2.3

条（强制性条文）规定：除设计要求外，兼做引下线的承力钢结构构件、混凝土梁、柱内钢筋与钢筋的连接，应采用土建施工的绑扎法或螺丝扣的机械连接，严禁热加工连接。

从以上规定可以看出，利用柱内钢筋做引下线时，如果设计不要求，钢筋连接处不允许焊接。在条文说明中解释“采用焊接连接时可能降低建筑物结构的负荷能力”。

综上所述，利用建筑物钢筋做防雷装置时，钢筋与钢筋连接采用绑扎或直螺纹的连接方式是可以满足防雷要求的，不需要进行搭接焊或跨接焊，而且从结构承载力角度看也不提倡采用焊接的方式。

有一点需要说明，自引下线引至屋面接闪器的镀锌圆钢（或镀锌扁钢）还是尽量采用焊接方式，一是增加可靠性，而且也不存在降低结构承载力的问题。

13　利用结构钢筋做引下线，应采用的根数和直径问题

建筑物防雷通常利用结构柱筋作引下线，设计图纸一般也明确说明利用建筑物结构柱内两根直径大于或等于 16mm 的钢筋作为一组引下线。

《民用建筑电气设计规范》JGJ 16—2008 第 11. 7. 7 条规定：

①当钢筋直径大于或等于 16mm 时，应将两根钢筋绑扎或焊接在一起，作为一组引下线；

②当钢筋直径大于或等于 10mm 且小于 16mm 时，应利用四根钢筋绑扎或焊接作为一组引下线。

此规定与《建筑物防雷设计规范》GB 50057—2010 的规定有比较大的出入。GB 50057—2010 第 4. 3. 5 条第 3 款规定：敷设在混凝土中作为防雷装置的钢筋或圆钢，当仅为一根时，其直径不应小于 10mm。

两个规范比较来看，《建筑物防雷设计规范》GB 50057—2010 比《民用建筑电气设计规范》JGJ 16—2008 的要求，无论在钢筋根数和直径上要松的多。

由于《建筑物防雷设计规范》是专项防雷规范，而且版本比《民用建筑电气设计规范》要新，所以采用《建筑物防雷设计规范》的规定是可以满足要求的，如设计要求高于《建筑物防雷设计规范》的规定，应按设计要求执行。

在建筑工程中柱筋直径一般都不小于 10mm，有的直径甚至远大于 10mm，所以一般都可以满足要求。虽然钢筋直径一般可以满足要求，但在具体工程中引下线还是应该确定采用哪一根（或几根）钢筋，必须保证引下线的贯通。其中有两点需要注意：一是引下线与底板筋的连接；二是当有柱子移位时，应做好相应的连接。

14　玻璃幕墙防雷应关注的重要节点问题

建筑工程中很多采用玻璃幕墙进行外装饰。由于玻璃幕墙围裹在建筑物四周，是极易遭受雷击的部位，而如何对玻璃幕墙进行防雷，现行的设计及施工验收规范阐述的并不十分明确，各玻璃幕墙承包单位对此重视程度也不够，所采取的措施也很不一致。为有效保障玻璃幕墙及建筑物的安全，在依据《建筑物防雷设计规范》GB 50057—2010、《建筑物防雷工程施工与质量验收规范》GB 50601—2010 及设计图纸编制玻璃幕墙防雷专项方案的基础上，还应关注以下重要方面：

（1）建筑物自身的防雷体系如何与玻璃幕墙的防雷体系有效连接；

（2）每根竖向主龙骨的贯通连接措施；

（3）竖向主龙骨与横向龙骨的贯通连接措施；

（4）金属屋面与防雷引下线的连接措施；

（5）不同金属的压接要采取防电化腐蚀措施；

（6）所有节点做法要有示意图，并注明所用材料的规格、型号；

（7）必须贯彻样板引路的精神，经相关各方鉴定合格后，再进行大面积安装；

（8）玻璃幕墙安装完成后，宜由权威检测机构进行测试，接地电阻值必须满足规范及设计图纸要求。

《玻璃幕墙工程技术规范》JGJ 102—2003 还有如下规定：

（1）玻璃幕墙的金属框架应与主体结构的防雷体系可靠连接，连接部位应清除非导电保护层；

（2）玻璃幕墙的铝合金立柱，在不大于 10m 范围内宜有一根柱采用柔性导线上、下连通，铜制导线截面积不宜小于 25mm^2，铝制导线截面积不宜小于 30mm^2；

（3）在主体建筑有水平均压环的楼层，对应导电通路立柱的预埋件或固定件应采用圆钢或扁钢与水平均压环焊接连通，形成防雷通路，焊缝和连线应涂防锈漆。扁钢截面不宜小于 5mm×40mm，圆钢直径不宜小于 12mm；

（4）兼有防雷功能的幕墙压顶板宜采用厚度不小于 3mm 的铝合金板制造，压顶板截面不宜小于 70mm^2（幕墙高度不小于 150m 时）或 50mm^2（幕墙高度小于 150m 时）。幕墙压顶板体系与主体结构屋顶的防雷系统应有效连通；

（5）幕墙的防雷装置设计应经建筑设计单位认可。

15 玻璃幕墙金属龙骨在底端是否与防雷装置连接问题

现在很多建筑工程，设计要求在45m或60m开始，利用结构钢筋做均压环，均压环与引下线焊接，并与玻璃幕墙金属龙骨进行连接，而在玻璃幕墙的底端是否与防雷装置进行连接，却没有要求。

在建筑物遭雷击时，雷电流应通过引下线向大地疏散。此时引下线将包括两部分：包裹在建筑外的幕墙的金属龙骨及建筑结构钢筋。建筑结构钢筋与接地装置直接相连，而幕墙的金属龙骨除了在均压环以上的部位与结构钢筋相连接外，到了底端却没有与结构钢筋相连接，相当于雷电流到了底端以后没有疏散的通路，可能瞬间会有高电位存在，存在人被电击的可能。

在《建筑物防雷设计规范》GB 50057—2010 第4.3.9条中明确规定：外墙内、外竖直敷设的金属管道及金属物的顶端和底端，应与防雷装置等电位联结。在条文说明中解释道：由于两端连接，使其与引下线成了并联路线，必然参与导引一部分雷电流，并使它们之间在各平面处的电位相等。

此规定足以说明，玻璃幕墙金属龙骨在底端应与防雷装置连接。

16 屋面金属栏杆是否可作为接闪器问题

在许多建筑物屋面的四周均设置了金属栏杆，但金属栏杆能不能直接作为防雷装置的接闪器呢？有的技术人员认为不能作为接闪器，因为原《建筑物防雷设计规范》GB 50057—1994（2000版）第4.1.5条规定：钢管的壁厚不小于2.5mm时，才能作为接闪器。但工程上应用的金属栏杆，不论普通钢管栏杆还是不锈钢钢管栏杆的壁厚均不满足2.5mm的要求，以至于在许多工程上将金属栏杆作为接闪器后，一些质量验收部门验收时要求整改。将所有金属栏杆均换为壁厚不小于2.5mm的金属栏杆，一般情况下很难做到。但为满足验收的要求，只好在屋面女儿墙上方，且远低于金属栏杆顶的部位增加避雷带（现称为接闪线或接闪带），然后再将避雷带与金属栏杆焊接。

这种处理方式，从防雷角度来讲，应该是没有问题的。但问题是这样做是否有实际意义？增加的避雷带是否有实际作用？金属栏杆远高于后增加的避雷带，在雷击发生时，金属栏杆会先于避雷带而起到接闪作用，雷电流一定会通过金属栏杆引至防雷引下线。问题的关键是壁厚小于2.5mm的后果是什么？原《建筑物防雷设计规范》的条文说明中并没有解释。笔者认为，可能更多的是从机械强度的角度考虑，当发生雷击时，巨大的雷电流可能会使金属栏杆遭到损害。假如发生雷击时，金属栏杆遭到了损害，这是可以接受，因为栏杆修复是很容易的。

在《建筑物防雷设计规范》GB 50057—2010 第5.2.8条中规定：除第一类防雷建筑物和该规范第4.3.2条第1款的规定外，屋面上永久性金属物宜作为接闪器，但其各部件之间均应连成电气贯通。通过此规定可以看出，屋面上长期安装的金属栏杆是可以做接闪器的，其间是通过焊接而成为一个整体的。

该规范还规定：旗杆、栏杆、装饰物、女儿墙上的盖板等，其壁厚应符合该规范第5.2.7条的规定：

除第一类防雷建筑物外，金属屋面的建筑物宜利用其屋面作为接闪器，并应符合下列规定：

①板间的连接应是持久的电气贯通，可采用铜锌合金焊、熔焊、卷边压接、缝接、螺钉或螺栓连接；

②金属板下面无易燃物品时，铅板的厚度不应小于2mm，不锈钢、热镀锌钢、钛和铜板的厚度不应小于0.5mm，铝板的厚度不应小于0.65mm，锌板的厚度不应小于0.7mm；

③金属板下面有易燃物品时，不锈钢、热镀锌钢和钛板的厚度不应小于4mm，铜板的厚度不应小于5mm，铝板的厚度不应小于7mm；

④金属板应无绝缘被覆层。

注：薄的油漆保护层或1mm厚沥青层或0.5mm厚聚氯乙烯层不应属于绝缘被覆层。

通过内容可以看出，第5.2.7条只规定屋面板的厚度，并未规定金属栏杆管材的具体厚度。从另外一个角度可以看出，金属栏杆的壁厚比第5.2.7条规定的不锈钢、热镀锌钢板要求的0.5mm厚度要大得多。因此，利用屋面的金属栏杆做接闪器，应该没有问题，而不必再在金属栏杆下方做避雷带。

17 建筑物防雷措施中防侧击问题

以二类防雷为例。一般电气设计要求建筑物高度超过45m时，应采取防侧击措施，要求从45m开始每三层做一圈均压环，并要求将45m及以上外墙上的栏杆、金属门窗等较大金属物与防雷装置连接。《建筑物防雷设计规范》GB 50057—2010 第4.3.9条第2款对防侧击是这样规定的：

高于60m的建筑物，其上部占高度20%并超过60m的部位应防侧击，防侧击应符合下列规定：

①在建筑物上部占高度20%并超过60m的部位，各表面上的尖物、墙角、边缘、设备以及显著突出的物体，应按屋顶上的保护措施处理；

②在建筑物上部占高度20%并超过60m的部位，布置接闪器应符合本类防雷建筑物的要求，接闪器应重点布置在墙角、边缘和显著突出的物体上；

③外部金属物，当其最小尺寸符合该规范第5.2.7条第2款的规定时，可利

用其作为接闪器，还可利用布置在建筑物垂直边缘处的外部引下线作为接闪器；

④符合该规范第4.3.5条规定的钢筋混凝土内钢筋和符合该规范第5.3.5条规定的建筑物金属框架，当做为引下线或与引下线连接时，均可利用其作为接闪器。

从上面的规定可以看出：建筑物60m以上且60m以上的高度占建筑高度（h）≥20%时，即应满足 $h/(h+60)=20\%$，求得 $h=15$（m），也就是说建筑高度≥75m（即60m+15m）才需要采取防侧击措施。

在《建筑物防雷设计规范》GB 50057—2010第4.3.9条的条文说明中提到的IEC 62305—3:2010中，第5.2.3.1条关于高度低于60m的建筑物规定：

研究显示，小雷击电流击到高度低于60m建筑物的垂直侧面的概率是足够低的，所以不需要考虑这种侧击。

第5.3.2.2条关于高60m及高于60m的建筑物规定：

高于60m的建筑物，闪击击到其侧面是可能发生的，特别是各表面的突出尖物、墙角和边缘。

注：通常，这种侧击的风险是低的，因为它只占高层建筑物遭闪击次数的百分之几，而且其雷电流参数显著低于闪电击到屋顶的雷电流参数。

还规定：高层建筑的上面部位（例如，通常是建筑物高度的最上面20%部位，这部位要在建筑物60m高以上）及安装在其上的设备应装接闪器加以保护。

综上所述，按《建筑物防雷设计规范》GB 50057—2010的规定，建筑物高度超过45m时，不需要再做每三层做一圈均压环作为防侧击措施。当建筑高度达到75m及以上并超过60m的部位，应采取防侧击措施，各表面上的尖物、墙角、边缘、设备以及显著突出的物体，应按屋顶上的保护措施处理。

18 楼内配电箱给室外用电设备供电的线路，如何防止雷电流自室外线路引入楼内的供电系统的问题

建筑物屋顶的用电设备和照明器具都是由位于楼内的配电箱进行供电，为了防止室外线路遭雷击时雷电流进入室楼内，一般都在配电箱内安装开关型电涌保护器（SPD），作为第一级保护，其参数如表5-1所示：

SPD参数 **表5-1**

标称放电电流（kA）	10/350μs	8/20μs
	≥15	≥60
U_p（kV）	<6	
U_c（V）	≥275	

SPD 进线端一般引至电源母排，出线端接至 PE 母排，而与 PE 母排相连的是与电源线一起敷设的 PE 干线。当雷电流自室外线路进到配电箱后通过 SPD，继续通过 PE 干线进入配电系统，应该说这是我们不希望看到的结果。但如何避免这种情况发生呢？情况是比较复杂的。笔者曾设想过：如果采用类似于 TT 系统，即末端配电箱不引入 PE 线，箱内的 SPD 出线接至 PE 排后直接引出室外接至屋顶防雷装置。对于给照明供电的线路这样的处理应该是可以的，但照明线路应设置相应的 RCD。但对于给消防设备供电的线路，却不能像照明线路那样设置 RCD，因为保证消防线路的可靠供电是至关重要。所以，对于给消防设备供电的线路采用类似 TT 系统，可能并不合适，比较折中的办法是仍采用 TN-S 系统，配电箱内 PE 母排在接 PE 干线的同时，应再接至屋顶防雷装置，相当于多了一个雷电流分流的路径。

19 PE 线的最小截面问题

在国家规范《低压配电设计规范》GB 50054—2011 中第 3.2.14 条、《民用建筑电气设计规范》JGJ 16—2008 第 7.4.5 条及《建筑物电气装置 第 5-54 部分：电气设备的选择和安装接地配置、保护导体和保护联结导体》GB 16895.3—2004/IEC 60364-5-54:2002 第 543 条均规定 PE 线最小截面应符合表 5-2 要求：

保护导体的最小截面（mm^2）

表 5-2

相导体的截面积	保护导体的最小截面积
$S \leqslant 16$	S
$16 < S \leqslant 35$	16
$S > 35$	$S/2$

GB 16895.3-2004、JGJ 16-2008 还规定：除电缆以外的每根保护导体应符合下列规定：有防机械损伤保护时，铜导体截面积不得小于 2.5mm^2；无防机械损伤保护时，铜导体截面积不得小于 4mm^2。

对于成套配电箱、柜及封闭母线槽内的 PE 导体，国家制造标准《低压成套开关设备和控制设备 第 1 部分：型式试验和部分型式试验 成套设备》GB 7251.1-2005/IEC 60439-1:1999 规定了 PE 导体的最小截面积，如表 5-3 所示。

保护导体的截面积（mm^2）

表 5-3

相导体的截面积 S	保护导体的截面积 S_P	相导体的截面积 S	保护导体的截面积 S_P
$S \leqslant 16$	S	$400 < S \leqslant 800$	200
$16 < S \leqslant 35$	16	$800 < S$	$S/4$
$35 < S \leqslant 400$	$S/2$		

由此可见，当相线截面积在 400mm^2 及以下时，GB 50054-2011、JGJ 16-2008 与 GB 7251.1-2005 对 PE 导体的截面积要求是一致的。当相线截面积大于 400mm^2 时，PE 导体截面积的差距就比较大了。尤其是当相线截面积大于等于 800mm^2 时，PE 导体的截面积差距就会相差一倍。

由于规范规定的不一致，所以在工程实施前应由电气设计人员明确采用哪个规范，尤其是涉及低压成套配电柜、封闭母线槽的加工订货前，应向生产厂家做好技术交底。

20 等电位联结线的截面问题

等电位分为：总等电位、辅助等电位和局部等电位，其联结线的截面也有不同的要求，按国家标准图集《等电位联结安装》02D501-2 规定的各类等电位联结线的截面如表 5-4 所示：

联结线的截面积 **表 5-4**

<table>
<tr><th>类别
取值</th><th>总等电位联结线</th><th>局部等电位联结线</th><th colspan="2">辅助等电位联结线</th></tr>
<tr><td rowspan="2">一般值</td><td rowspan="2">不小于 0.5×进线 PE（PEN）线截面积</td><td rowspan="2">不小于 0.5×进线 PE 线截面积①</td><td>两电气设备外露导电部分间</td><td>0.5×较小 PE 线截面积</td></tr>
<tr><td>电气设备与装置外可导电部分</td><td>0.5×PE 线截面积</td></tr>
<tr><td rowspan="3">最小值</td><td>6mm^2 铜线</td><td rowspan="3">同右</td><td>有机械保护时</td><td>2.5mm^2 铜线或 4mm^2 铝导线</td></tr>
<tr><td>16mm^2 铝线②</td><td>无机械保护时</td><td>4mm^2 铜线</td></tr>
<tr><td>50mm^2 铁导体</td><td colspan="2">16mm^2 铁导体</td></tr>
<tr><td>最大值</td><td>25mm^2 铜线或相同电导值的导线②</td><td>同左</td><td colspan="2">—</td></tr>
</table>

①局部场所内最大 PE 线截面积；

②不允许采用无机械保护的铝线。采用铝线时，应注意保证铝线连接处的持久导通性。

以上的规定应该说是非常明确的。但在工程实际执行过程中，还是有很多的争议，究其原因，还是相关的标准规定不一致造成的。以局部等电位为例：本图集《等电位联结安装》02D501-2 中的浴室局部等电位联结示例，如图 5-23 所示。

在其说明中要求，LEB 线均采用 BVR-1×4mm^2 导线在地面或墙内穿塑料管暗敷。这就在实际执行过程中造成了争议，因为上表明确局部等电位在有机械保

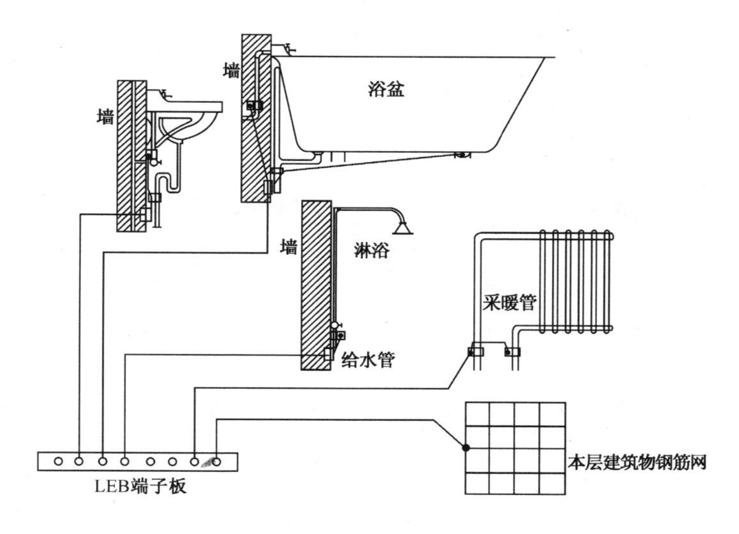

图 5-23　浴室局部等电位联结示意图

护时，可采用 2.5mm^2 铜线。

另外，《建筑电气工程施工质量验收规范》GB 50303—2002 第 27.1.2 条规定：等电位联结的支线最小允许截面积为 6mm^2（铜导体）。

在电气工程质量验收时，验收人员就提出局部等电位的联结线最小应为 6mm^2（铜导体），采用 2.5mm^2 或 4mm^2 铜线均不符合规范规定，要求整改。

由于等电位联结线的作用是传导电位，不传送电流或只传导很少部分的电流，因此，就电气安全而言，不要求很大截面的联结线。国家标准图集《等电位联结安装》02D501-2 参照的 IEC 标准，应是可以满足要求，即应按表 5-4 的规定执行。

21　局部等电位联结线的敷设方式问题

关于局部等电位联结线的敷设，国家标准图集《等电位联结安装》02D501-2 推荐的是放射式，即从 LEB 端子排分别引出等电位联结线至需做等电位的金属管道或部件。在实际工程中，有些情况下，需做等电位的金属管道或部件较多且比较集中，如果采用放射式的敷设方式，做起来相对复杂，所用联结线也比较多。如果采用树干式的敷设方式，即敷设一条较大截面积的干线，再通过干线分别引出支线接至需做等电位的金属管道或部件。笔者认为，这样的做法应该也是可行的，因为这相当于将 LEB 箱内的端子排进行了延伸，所联结的金属管道或部件完全可以达到等电位的目的。

22 电涌保护器（SPD）两端连接线及相关问题

（1）电涌保护器的作用

电涌保护器的作用是将雷电流泄放入地，并将雷电冲击电压幅值降低到要求的水平，这一电压水平被称作 SPD 的电压保护水平（U_p）。

（2）电涌保护器种类

一般常用的电涌保护器分限压型电涌保护器和开关型电涌保护器。还有组合型电涌保护器。

限压型电涌保护器：无电涌出现时为高阻抗，随着电涌电流和电压的增加，阻抗连续变小，也称为“箝压型”电涌保护器；具有连续的电压、电流特性。

开关型电涌保护器：无电涌出现时为高阻抗，当出现电压电涌时突变为低阻抗；具有不连续的电压、电流特性。

（3）需要保护的线路和设备额定冲击电压值

按《建筑物防雷设计规范》GB 50057—2010 第 6.4.4 条的规定：需要保护的线路和设备的耐冲击电压，220/380V 三相配电线路可按表 5-5 的规定取值。

（4）电涌保护器的有效电压保护水平

电涌保护器的有效电压保护水平，《建筑物防雷设计规范》GB 50057—2010 第 6.4.6 条规定：

建筑物内 220/380V 配电系统中设备绝缘耐冲击电压额定值　　表 5-5

设备位置	电源处的设备	配电线路和最后分支线路的设备	用电设备	特殊需要保护的设备
耐冲击电压类别	Ⅳ类	Ⅲ类	Ⅱ类	Ⅰ类
耐冲击电压额定值 U_w（kV）	6	4	2.5	1.5

注：1. Ⅰ类——含有电子电路的设备，如计算机、有电子程序控制的设备；
2. Ⅱ类——如家用电器和类似负荷；
3. Ⅲ类——如配电盘，断路器，包括线路、母线、分线盒、开关、插座等固定装置的布线系统，以及应用于工业的设备和永久接至固定装置的固定安装的电动机等的一些其他设备；
4. Ⅳ类——如电气计量仪表、一次线过流保护设备、滤波器。

①对限压型电涌保护器：

$$U_{p/f} = U_p + \Delta U$$

②对电压开关型电涌保护器，应取下列公式中的较大者：

$$U_{p/f} = U_p \text{ 或 } U_{p/f} = \Delta U$$

式中　$U_{p/f}$——电涌保护器的有效电压保护水平（kV）；

U_p——电涌保护器的电压保护水平（kV）；

ΔU——电涌保护器两端引线的感应电压降，即 $L\times(di/dt)$，户外线路进入建筑物处可按 1kV/m 计算，在其后的可按 $\Delta U = 0.2U_p$ 计算。

③为取得较小的电涌保护器有效电压保护水平，应选用有较小电压保护水平值的电涌保护器，并应采用合理的接线，同时应缩短连接电涌保护器的导体长度。

（5）电涌保护器两端连接线的长度问题

我们知道，被保护设备所承受的雷电压等于 SPD 残压与 SPD 两端连接线上电压降之和。SPD 残压由产品性能决定，一旦选定产品，其残压值就已经确定。而连接线上的电压降 $\Delta U = L\times(di/dt)$（$L$ 为 SPD 两端连接线的电感，它与连接线的长度成正比，di/dt 为雷电冲击电流变化的陡度），因此，可通过减少连接线的长度，来减少连接线的电感，也就是减少了连接线上的电压降。

按《建筑物防雷工程施工与质量验收规范》GB 50601—2010 第 10.1.2 条规定：SPD 两端连接线应短且直，总连接线长度不宜大于 0.5m。这样的规定主要是考虑连接线如果过长，在其上产生的电压降会过大。例如：假设某电涌保护器 $U_p = 2.5$kV，两端导线长度分别为 1m。另据《建筑物防雷设计规范》GB 50057—2010 第 6.4.6 条的规定：电涌保护器两端引线的感应电压降，按 1kV/m 进行计算。以此得到：$U_{p/f} = U_p + \Delta U = 2.5 + 1 + 1 = 4.5$kV，对照表中的Ⅲ类设备和线路来说是难以承受的。而且，可以看出连接线所占的电压降达到总电压降的 44%，影响是很大的。因此，为保护设备和线路的需要，必须限制电涌保护器两端连接线的长度。

基于以上的分析，配电箱、柜内 SPD 最好直接安装在带电导体母排和 PE 母排之间，以是连接线的长度为最小。现在 SPD 产品很多已按配电箱内微型断路器的模数来制作，可直接安装在配电箱内，这对缩短 SPD 两端连接线的长度十分有利。如图 5-24 所示。

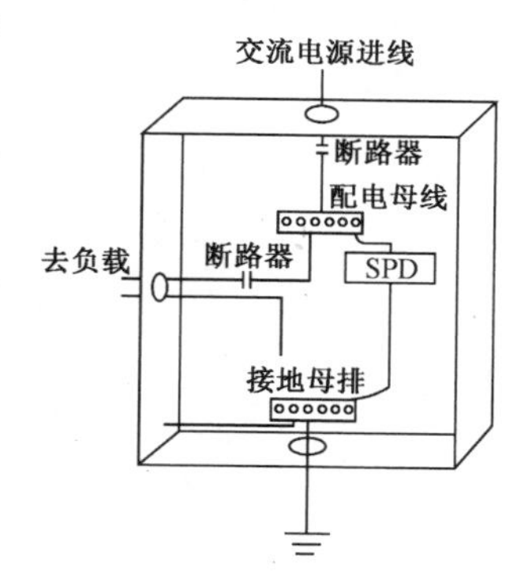

图 5-24　配电箱内 SPD 接线示意图 1

（6）电涌保护器的凯文接线问题

凯文接线也称为“V”形接线。如果仅运用传统的 SPD 接线方式，由于实际条件的一些限制，连接线的长度可能难以满足规范的规定。而凯文接线可达到缩短连接线的目的。凯文接线法是将电源进线与被保护线路均接至 SPD 进线端，将电源进线 PE 线与被保护设备 PE 线均接至 SPD 出线端，如图 5-25 所示。

从图中可以看出，SPD 的连接线的长度几乎为零，是一种理想的接线方式。如果对照实际工程在很多情况下是难以实现的。在容量较大的配电系统中，电源引线有的是大截面电缆，有的甚至是封闭母线，而SPD的接线端子容量有限，无法做直接连接，因此，其应用受到极大的限制，只有在小容量的系统中才有实际应用价值。

另外，还有一点值得关注，如果在小容量的系统中，实际的接线也不是按上图的接法，实际的接法应该是：电源进线PE线直接接至配电箱内的PE排，而被保护设备的PE线也自PE排引出，这是国家标准《建筑电气工程施工质量验收规范》GB 50303—2002所规定的，如图5-26所示。

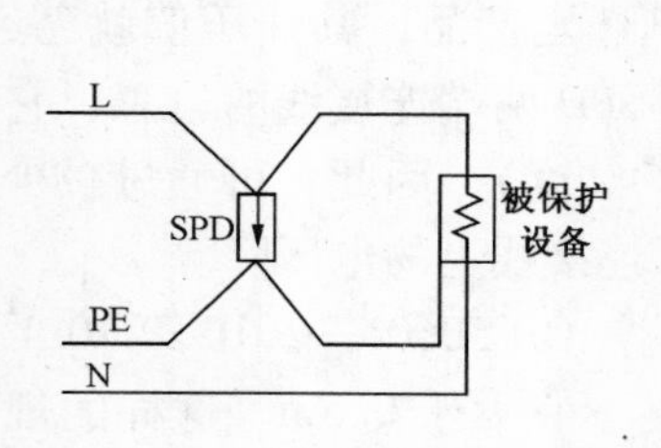

图5-25 SPD的“V”形接线

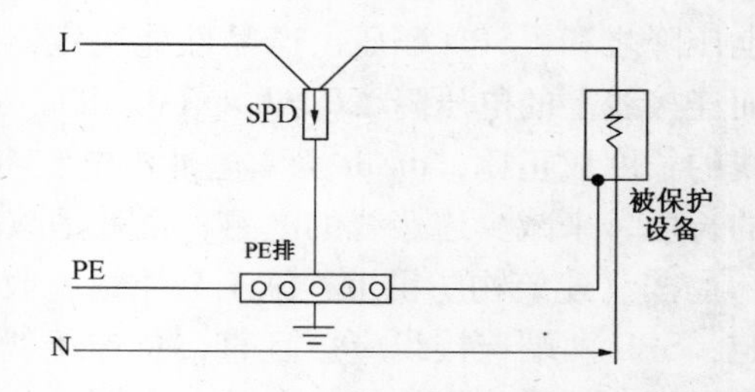

图5-26 配电箱内SPD接线示意图2

如果，一定要达到SPD的“V”形接线的要求，只能将进出PE线压在一个端子上，然后压在SPD的出线端。但当有多个设备同时需要保护时，将所有PE线压在一个端子上，也会带来很多问题：有可能SPD的端子过小压不上；还会出现需更换某一设备PE线时，需要将压线端子拆开，影响其他设备的PE线的电气连续性。

凯文接线应该说在减少SPD两端连接线上的电压降，具有非常明显的优势，在小容量的系统中应优先采用。

23 燃气管入户后，绝缘段两端跨接火花放电间隙问题

（1）燃气管道需要作总等电位联结

根据《低压配电设计规范》GB 50054—2011中第5.2.4条规定，建筑内水管、燃气管、采暖和空调管道等各种金属干管应做总等电位联结。其目的在于降低建筑物内间接接触电击的接触电压和不同金属部件间的电位差，并消除自建筑物外经电气线路和各种金属管道引入的危险故障电压的危害。当不做总等电位联结，发生接地短路时，在接地故障持续的时间内，与它有联系的电气设备的金属外壳和金属管道、结构等装置外可导电部分相互间存在故障电压，此电压可使人身遭受电击，也可能因对地的电弧或火花引起火灾或爆炸，造成严重生命财产损失。

（2）燃气管道插入绝缘段的目的

《等电位联结安装》02D501-2 在等电位联结的安装要求中指出：为避免用燃气管道做接地极，燃气管入户后应插入一绝缘段，以与户外埋地的燃气管隔离。

（3）燃气管道绝缘段跨接火花放电间隙的作用

《等电位联结安装》02D501-2 规定：为防雷电流在燃气管道内产生火花，在此绝缘段两端跨接火花放电间隙，此项工作由煤气公司确定。

据了解，燃气管道绝缘段及火花放电间隙有两种类型：绝缘接头内置火花放电间隙和绝缘接头与外置火花放电间隙组合形式。所以，采用这两种形式均是可以的。

24 变压器（或发电机）中性点应如何进行接地问题

《建筑电气工程施工质量验收规范》GB 50303—2002 第 5.1.2 条中规定：接地装置引出的接地干线与变压器的低压侧中性点直接连接。在很多工程的电气设计图纸中的要求也与 GB 50303-2002 的规定相一致，如图 5-27 所示。

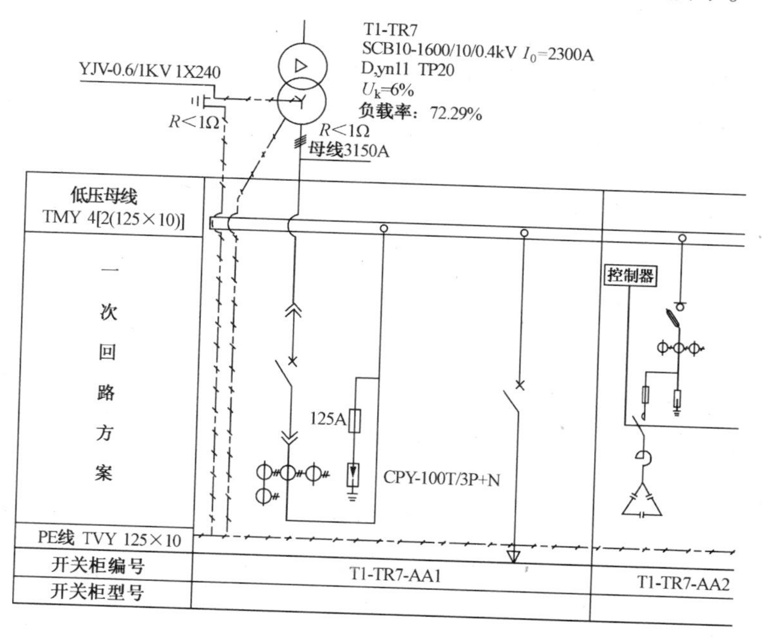

图 5-27 变压器接地示意图

从图 5-27 可以看出，变压器的中性点通过 YJV-0.6/1kV 1×240 单芯电缆接至接地装置。

从图 5-28 可以看出，发电机已就地接地，自发电机输出柜引出的电源已为 5 芯母线槽，其中包括 PE 母排。

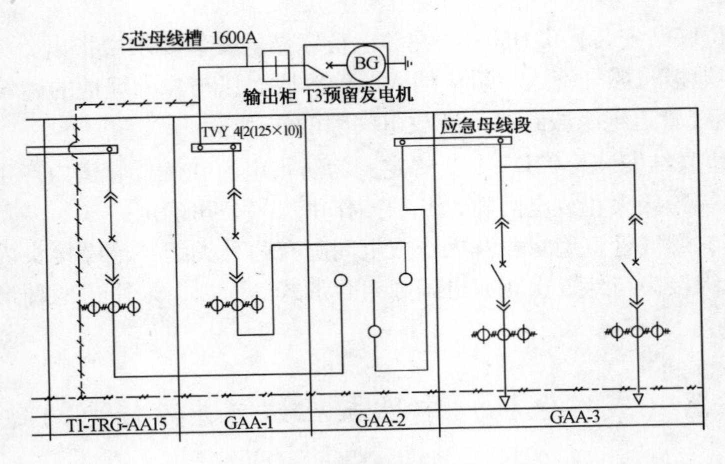

图 5-28 发电机接地示意图

国家标准《低压电气装置 第 1 部分：基本原则、一般特性评估和定义》GB/T 16895.1-2008/IEC 60364-1:2005 对多电源系统接地有严格的要求，它不允许在变压器的中性点或发电机的中性点直接对地连接，还规定自变压器（或发电机）中性点引出的 PEN 线（或 N 线）必须绝缘，并只能在低压总配电柜内与接地的 PE 母排连接，而实现系统的单点接地，在这一点以外不得再在其他处接地，不然中性线电流将通过不正规的并联通路而返回电源，这部分中性线电流被称作杂散电流，它可能引起火灾、腐蚀、电磁干扰等危害。如图 5-29 所示：

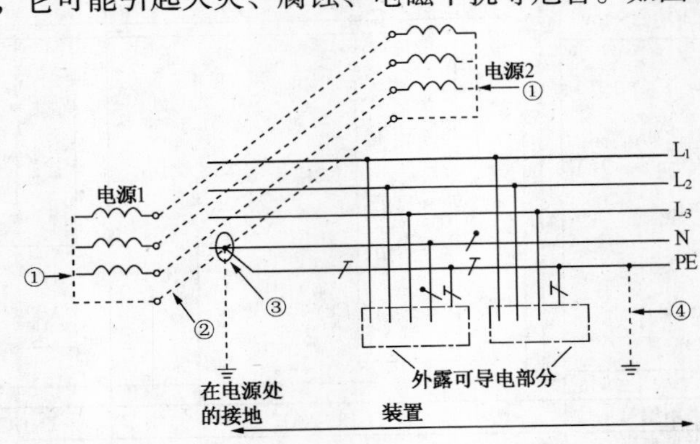

图 5-29 低压系统中系统接地示意图

注：①不应在变压器的中性点或发电机的星形点直接对地连接。

②变压器的中性点或发电机的星形点之间相互连接的导体应是绝缘的，这种导体的功能类似于 PEN；然而，不得将其与用电设备连接。

③在诸电源中性点间相互连接的导体与 PE 导体之间，应只连接一次。这一连接应设置在总配电屏内。

④对装置的 PE 导体可另外增设接地。

在王厚余老先生著《低压电气装置的设计安装和检验》（第二版和第三版）中，给出了更适合中国人阅读习惯的系统图，如图 5-30 所示。

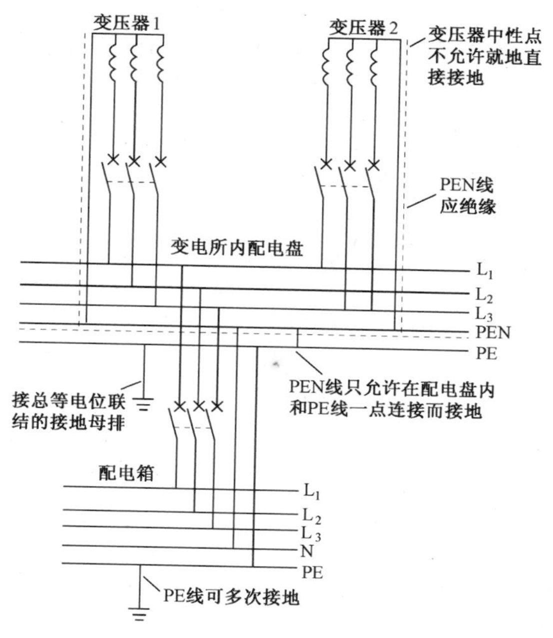

图 5-30　低压系统中系统接地实施示意图

通过以上对比应该说，《建筑电气工程施工质量验收规范》GB 50303—2002、现在一些工程的电气设计图纸对变压器（或发电机）中性点的接地做法，与已转换成国标的 IEC 标准《低压电气装置　第 1 部分：基本原则、一般特性评估和定义》GB/T 16895.1-2008 并不一致，IEC 标准更科学，提出了不这样实施，而产生杂散电流所带来的危害。王厚余老先生在其专著《低压电气装置的设计安装和检验》（第二版）中对杂散电流的电气危害进行了详细的解释：

（1）杂散电流可能因不正规通路导电不良而打火，引燃可燃物起火；

（2）杂散电流如以大地为通路返回电源，可能腐蚀地下基础钢筋或金属管道等金属部分；

（3）杂散电流通路与该中性线正规回路两者形成已封闭的大包环绕，环内的磁场可能干扰环内敏感信息技术设备的正常工作。

25　人防工程的防护密闭门等金属门框应做等电位问题

在一些人防工程中，人防验收部门提出：防护密闭门等金属门框没有做等电位联结。后虽然进行了整改，但实施还是有一定难度的。

在《人民防空工程施工及验收规范》GB 50134—2004 中没有防护密闭门等做等电位联结的要求，但在《人民防空地下室设计规范》GB 50038—2005 中却有要求：第 7.6.3 条规定：防空地下室室内应将下列导电部分做等电位联结中规定建筑结构中的金属构件，如防护密闭门、密闭门、防爆波活门的金属门框等。第 7.6.4 条还规定：各防护单元的等电位联结，应相互连通成总等电位，并与总接地体联结。

根据以上的规定，在结构期间电气技术人员应预留与防护密闭门、密闭门、防爆波活门的金属门框等做等电位联结的预留条件，可在适当位置从结构中的钢筋焊出扁钢，最后再与金属门框连接。

由于人防门由土建专业负责加工订货，应与土建专业和厂家确定金属门框是否可以焊接，如不能焊接应由厂家预留好等电位联结端子。

第六章　电动机的有关问题

1　电动机直接启动与变压器容量的关系问题

（1）电动机直接启动的原则条件

交流异步电动机的启动方式有多种，常用的有直接启动、Y/Δ 启动、软启动、变频启动等，在条件允许的情况下，直接启动应该是最佳方式，尤其是带消防负荷的电动机。当发生火灾情况下，由消防联动主机发出信号，切掉相关非消防负荷，启动消防水泵、消防风机等消防设备，而消防设备的快速、可靠启动至关重要，没有任何中间环节的直接启动无疑是最佳选择。但直接启动需要满足相关的条件，《民用建筑电气设计规范》JGJ 16—2008 第 9.2.2 条规定：电动机启动时，其端子电压应保证机械要求的启动转矩，且在配电系统中引起的电压波动不应妨碍其他用电设备的工作。交流电动机启动时，其配电母线上的电压应符合下列规定：电动机频繁启动时，不宜低于额定电压的 90%；电动机不频繁启动时，不宜低于额定电压的 85%。上述条款对电动机直接启动提出了两点基本原则：既保证自身能启动的基本要求，又不影响其他设备的正常工作。

（2）90% 和 85% 的额定电压应是指哪一级配电母线

从上述条款可知，电动机启动时配电母线上的电压降不宜超过 90% 和 85%，但配电母线是哪一级配电母线呢？是变电所低压母线？还是电动机控制柜母线？在《民用建筑电气设计规范》JGJ 16—2008 条文说明中提到：电动机启动时电压降的允许值存在三种不同意见，一是电动机端子电压；二是电源母线电压；三是电动机配电母线上的电压。第一种方法比较准确，但要求较高，不便操作。第二种方法尽管没有第一种准确，但便于操作。该规范规定比较折中："电动机在启动时，其端子电压应保证机械要求的启动转矩，且在配电系统中引起的电压波动不应妨碍其他用电设备的工作"为一般要求，使用"端子电压"合情合理。但具体数值采用"控制电动机配电母线上的电压降"便于计算。

以上的解释笔者认为，可操作性仍然不是很强，同时也没体现"在配电系统中引起的电压波动不妨碍其他用电设备的工作"的初衷，应该说只有变电所低压母线上的电压不低于额定电压的 90% 和 85%，才会达到"不妨碍其他设备的工作"，因为其他设备的电源一定会接至变电所低压母线。因此，90% 和 85% 的额定电压应为变电所低压配电母线更为合理。

（3）电动机启动时变电所低压母线电压降的计算

有关资料推荐采用如下公式进行估算：

$$\Delta u\% = \frac{I_y + kI_e}{I_n} u_k\%$$

式中 $\Delta u\%$——电动机启动时母线压降百分数；

I_y——变压器二次原有电流；

I_e——电动机额定电流；

k——电动机直接启动电流倍数；

I_n——变压器低压额定电流；

$u_k\%$——变压器阻抗压降（也称为短路阻抗或短路电压百分数）。

例如，一台 1250kVA 变压器，$u_k\% = 6\%$，$I_n = 1806A$，直接启动 130kW 电动机额定电流 250A，启动电流倍数为 6，变压器原处于半载状态，启动时母线压降能否满足规范要求？电动机为不频繁启动。

根据公式母线启动时压降百分数为：

$$\Delta u\% = \frac{I_y + kI_e}{I_n} u_k\% = \frac{\frac{1806}{2} + 6 \times 250}{1806} \times 6\% = 7.98\% < 15\%$$

按规范要求，电动机不频繁启动时，不宜低于额定电压的 85%，即电压降不超过 15%，因此，启动时母线压降能够满足规范要求。同时说明在此种情况下，1250kVA 变压器的容量，完全可以满足 130kW 的电动机直接启动的要求。如果，大容量电动机直接启动或多台电动机直接启动，同样可以利用上面的公式计算来选择合适的容量变压器。

例如，一台 130kW 的电动机，额定电流为 250A，需要直接启动，启动电流倍数为 7，应选多大容量的变压器才能满足要求？

根据母线启动时压降百分数公式可得：

$$I_n = \frac{I_y + kI_e}{\Delta u\%} \cdot u_k\% = \frac{0 + 7 \times 250}{15\%} \cdot 6\% = 700A$$

要求变压器低压额定电流为 700A。400kVA 变压器低压额定电流约为 $400 \times 1.5 = 600A < 700A$，不能满足要求；500kVA 变压器低压额定电流约为 $500 \times 1.5 = 750A > 700A$，可以满足要求。因此，需要选择 500kVA 及以上容量的变压器才能满足 130kW 的电动机直接启动的要求。

当采用 Y/Δ 启动时，启动电流只有直接启动的 1/3，此例 I_n 只有 233A，选择 200kVA 即可满足 130kW 的电动机启动的要求。

因此，电动机的启动方式与变压器的容量有密切关系，选择合适的启动方式可以降低变压器的容量，但如前所述，在变压器容量许可的情况下，消防类设备尽量采用直接启动方式。

2 双速风机(平时排风兼消防排烟)长时间高速运行是否为正常状态的问题

很多工程在相关的场所都设置双速风机，平时排风，消防状态下排烟。在实际使用过程中，有可能出现低速排风不能满足要求，需要高速排风。北京某大型公交场站正式投入使用后，由于正处于闷热的夏季，现有的双速风机进行低速排风不能满足要求，从而将风机开至高速进行排风，使室内闷热的环境得到缓解。在运行过程中，出现了三台风机被烧毁的事故，因此有人认为，在使用过程中，开高速不是风机的正常运行状态，有可能造成风机损坏。其实双速风机的核心设备是双速电动机，根据《YD系列（IP44）变极多速三相异步电动机技术条件》JB/T 7127-2010可知，YD系列变极多速三相异步电动机是利用换接引线的方法来控制转速变化的，无论低速还是高速运转均是正常状态，如果只有低速运行才是正常状态，消防紧急情况下高速运转的可靠性将无法得到保证，一旦发生火灾，不能可靠地快速排烟，势必造成严重的后果。

3 电机烧毁的原因问题

导致电机烧毁的原因很多，现对以下可能的原因进行分析：

（1）缺相。电动机在运行中如果缺失一相，仍会保持原方向运转，此时缺失相的线电流为零，未缺失两相的线电流相等且增大，电流增加的程度与电动机所带负载的性质和大小有关，两相电流过大，容易烧毁电动机绕组。缺相是电动机的杀手，质量一般的电机最多十几分钟就损坏了。

（2）受潮。因为进水或受潮造成的电动机绕组绝缘能力降低，也是常见的损坏原因。绝缘能力降低容易引起绕组短路，从而烧毁电机。

（3）过载。电动机过载运行使电动机电流增大，当超过电动机额定电流时，会超过允许温升，损坏绕组绝缘，严重时会烧毁电机。如果保护功能正常（加装合适的热继电器），一般不会发生。但是，要注意的是，因热继电器无法校验，并且保护数值也不十分精确，选型不合适等再加上人为设置成自动复位，在需要保护的时候，往往起不到作用，也可能多次保护以后，没有找到真正原因，人为调高保护数值，致使保护失效。

（4）电压过高或过低。电源电压过高，会危及电动机的绝缘，使其有被击穿的危险。电源电压过低时，电磁转矩就会大大降低，如果负载转矩没有减小，转子转数过低，这时转差率增大造成电动机过载而发热，长时间会影响电动机的寿命。总之无论电压过高或过低都可能引起电动机损坏。所以按照国家标准电动机电源电压应在额定值±5%的范围内。

（5）电机内部原因。因轴承损坏，造成端盖磨损、主轴磨损、转子扫膛，造成线包损伤烧毁也是可能的原因。

（6）运行人员操作问题。

对于双速风机，操作人员在运行过程中，可能将高速直接转为低速。在电机厂家提供的“产品使用维护说明书”中要求：“在高速转切换为低速的过程中，必须待电动机停转后才能接通低速绕组的电源以减少对电动机及负载的冲击。”在实际运行过程中，由于风机低速运转不能满足需要时，操作人员才将低速转为高速，以加速排风。当情况好转后，很有可能将高速再直接转为低速，从而可能引起电机的损坏。

4 双速风机低速运行时功率因数、效率低的问题

通过有的工程实际测试结果表明，双速风机在低速运行时，功率因数只有0.5左右，明显偏低，原因何在呢？

功率因数表明了在输入电动机的视在功率中真正消耗掉的有功功率所占比例的大小，也可以说是定子电流中有功分量与总电流之比。功率因数越高，说明有功电流分量占总电流的比例越大，电动机的效率也越高。电动机运行中，功率因数随负载的变化而变化。空载运行时，功率因数很低，约为0.2左右。带负载运行时，定子绕组电流中有功分量增加，功率因数也随之提高。当电动机在额定负载下运行时，功率因数达到最大值，一般为0.8～0.9。因此，电动机应避免空载或轻载运行。

电动机的效率（η）是电动机的输出功率（P_2）与输入功率（P_1）之比，即 $\eta = P_2/P_1 = (P_1 - \Sigma P)/P_1 = 1 - \Sigma P/P_1$。

式中 P_1、P_2——电动机的输入、输出功率，kW；

ΣP——电动机的总损耗，kW。

电动机从空载运行到额定负载运行，由于主磁通和转速变化很小，铁损 P_{Fe} 和机械损耗 P_j 变化很小（通常称为不变损耗），而定子、转子的电阻损耗 P_{cu1}、P_{cu2}（分别与定、转子电流平方成正比）和附加损耗 P_{fj} 是随负载而变化的。由于空载时 $P_2 = 0$，故 $\eta = 0$，当负载从零开始增加时，总损耗 ΣP 增加较慢，效率曲线上升较快。直到可变损耗与不变损耗（即 $P_{cu1} + P_{cu2} + P_{fj} = P_{Fe} + P_j$）相等时，效率达到最大值。若负载继续增加，由于定子、转子的电阻损耗增加较快，电动机的效率反而下降。

按图6-1所示电动机运行特性曲线可知，当负载率为 $P_2/P_1=1$ 左右时，功率因数 $\cos\varphi$ 最高，随着负载率的降低，功率因数 $\cos\varphi$ 明显下降，无功损失必然加大；当负载率为0.8左右时，电机效率（η）曲线达到峰值，机械效率最高。此点右边，虽然负载率从0.8增至1，但电机效率曲线却稍有下降，所以，电机额定效率并不是电机的最高效率。负载率从0.8至0.6电机效率曲线也是稍有下降，下降的程度和负载率从0.8至1时电机效率曲线下降的相近，负载率小于0.6时曲线下降的陡度加大，机械效率降低得比较明显。因此，机械设计中在选定电机这个环节，基本都是按负载率0.8来确定电机的配置。这样，既可保证电机的负载有一定裕度，不至过载，又可保证电机的工作点处于较高的机械效率，以利节能。

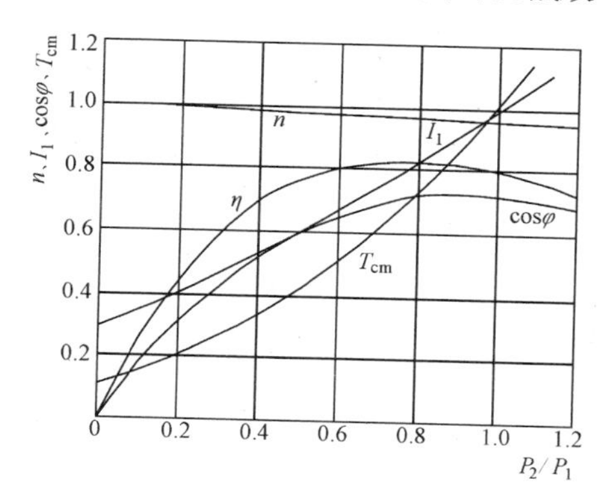

图6-1 电动机运行特性曲线图

Fig. Operating characteristic curves of the motor

n——异步电动机转速；I_1——异步电动机定子电流；

T_{cm}——异步电动机电磁转矩；$\cos\varphi$——异步电动机功率因数；

η——异步电动机效率

5 双速电机的选型问题

我国1998年以前只有YD系列的双速电机，执行的是《YD系列（IP144）变极多速三相异步电动机技术条件》JB/T 7127-1993。1998年正式颁布了YDT系列电机标准，即《YDT系列（IP44）变极多速三相异步电动机技术条件》JB/T 8681-1998。由于YDT系列电机是根据流体机械的运行特性专门设计的通风机专用双速电机，因而比YD系列电机作为双速通风机的动力源在节能方面有非常大的节能优势。但是因为YD系列电机进入我国通风机制造市场的时间早于YDT系列电机，而且如将通风机从使用YD系列电机转换到YDT系列电机的话，相关的配电柜设计和相关的消防控制电路就都要有所改动，再有就是用户对节电的认识比较淡薄，导致在我国用于建筑的双速通风机尚有约60%仍在采用YD系列的双速电机，实际上从节能角度出发，YDT系列电机作为双速通风机的动力源更科学、更合理、更节能。

6 双速风机在低速运行时的节能问题

YD系列和YDT系列化电机从机械制造角度来讲在工艺上并没有什么难度差别，在机座号方面也完全相同，为了进行有针对性的节能比较，笔者同时选取了北京某大型公交场站采用的YD250M机座号和YDT250M机座号电机进行比较，相关参数摘自《YD系列（IP144）变极多速三相异步电动机技术条件》JB/T 7127-1993和《YDT系列（IP44）变极多速三相异步电动机技术条件》JB/T 8681-1998。从表6-1看出，两种电机的机座号、转速和出线端数完全相同，额定负载的功率因数、效率及堵转电流和额定电流之比也极其接近，但两种电机的高速和低速功率的匹配设计却有非常明显的差距。YDT250M的低速额定功率配置只是高速额定功率配置的76.19%。

YD250M与YDT250M双速电机主要技术性能比较 表6-1

电动机型号	YD250M	YDT250M
功率（kW）	42/32	47/16
转速（r/min）	1500/1000	
效率（%）	90/86.5	90/85
功率因数	0.87/0.91	0.89/0.87
堵转电流/额定电流	6.5/7	7.5/7.0
额定电流（A）	48.68	38.45
接线型式	Δ/YY	Y/Y
出线端子	6	6

双速风机高速运转时间是很少的，绝大部分时间是低速运行，因而，实现双速通风机节能与否的关键是看低速运行的节能情况。对于双速风机来说，双速电机的低速负载率是电机节能问题的核心。当通风机叶轮直径和气体密度相同时，根据通风机相似性能换算公式，轴功率为：

$$P = P'(n/n')^3$$

式中 P'——电机高速额定功率（kW）；

n——电机低速额定转速（r/min）；

n'——电机高速额定转速（r/min）。

为计算方便，将 YD250M 机座号和 YDT250M 机座号电机（在其极数为 6/4 极时）高低速度之比大约定为 1500∶1000 = 1∶0.667，当 YD 双速电机高速负载率为 1.0 时，高速功率为 42kW，低速功率对应为 $P = 47 \times (1000/1500)^3 = 12.46$kW；YDT 双速电机高速负载率为 1.0 时，高速功率为 47kW，低速功率对应为 $P = 47 \times (1000/1500)^3 = 13.95$kW。当 YD 电机高速负载率为 0.8 时，低速功率对应为 $P = 42 \times 0.8 \times (1000/1500)^3 = 9.97$kW；当 YDT 电机高速负载率为 0.8 时，低速功率对应为 $P = 47 \times 0.8 \times (1000/1500)^3 = 11.16$kW。

显然 YDT250M 电机的低速额定功率与高速额定功率配比 47/16kW 对于流体机械是合理的，而 YD250M 电机的低速额定功率与高速额定功率配比 42/32kW 中，低速额定功率显然比通风机低速实际负载需求超出太多，由于在流体机械中 YD250M 电机的高速与 YD250M 电机的低速额定功率配比 42/32kW 对于流体机械不只是大马拉小车的表面形式问题，重要的是由于这种现象使得电机的功率因数和机械效率变得极差，不可避免地造成电能源有功功率和无功功率的浪费。

计算结果如表 6-2 所示。从表中看出，YD250M 电机低速负载时的机械效率与 YDT250M 相差约 20%，功率因数下降得就更多，平均约 35%。在电机低速负载率 0.8 时，YD250M 电机比 YDT250M 电机的输入功率大约多 1 倍。

YD250M 与 YDT250M 电机低速负载效率、功率因数、节能变化表　表 6-2

型　号	YD250M-4/6 极-42/32kW		YDT250M-4/6 极-47/16kW	
对应负载率	当高速负载率为 1.0 时，低速对应参数	当高速负载率为 0.8 时，低速对应参数	当高速负载率为 1.0 时，低速对应参数	当高速负载率为 0.8 时，低速对应参数
低速轴功率	12.46	9.97	13.95	11.16
电机额定效率	87%	88.5%	85%	86.5%
负载效率	69%（低速实际负载率 0.38）	61.5%（低速实际负载率 0.31）	87%（低速实际负载率 0.874）	86%（低速实际负载率 0.7）
额定功率因数	85%	86%	84%	85%
负载功率因数	54%	44%	87%	83%
实际电流	65.9	72.7	32.5	27.5
实际输入功率	33.94	34.23	21.39	17.47
有功相对节能	当高速负载率为 1.0 时，低速对应参数		当高速负载率为 0.8 时，低速对应参数	
	(33.94 − 21.39) /33.94 = 0.37		(34.23 − 17.47) /34.23 = 0.49	

续表

<table>
<tr><td>型　号</td><td colspan="2">YD250M-4/6 极-42/32kW</td><td colspan="2">YDT250M-4/6 极-47/16kW</td></tr>
<tr><td rowspan="4">无功相对节能</td><td colspan="2">当高速负载率为 1.0 时，低速对应参数</td><td colspan="2">当高速负载率为 0.8 时，低速对应参数</td></tr>
<tr><td>0.54 = cos57.3</td><td>0.44 = cos63.9</td><td>0.84 = cos32.68</td><td>0.85 = cos31.79</td></tr>
<tr><td colspan="4">{[(33.94 × sin57.3) − 21.39 × sin32.68)]/33.94 × sin53.7} × 0.06 = 0.0356</td></tr>
<tr><td colspan="4">{[(34.23 × sin63.9) − 17.47 × sin31.79)]/34.23 × sin63.9} × 0.06 = 0.042</td></tr>
<tr><td rowspan="2">线损节能（按电压降 10V 计）</td><td colspan="4">（负载率 1.0）{65.9 × (10/380) × [1 − (21.39/65.9)]}/65.9 = 0.0236</td></tr>
<tr><td colspan="4">（负载率 0.8）{72.7 × (10/380) × [1 − (27.5/72.7)]}/72.7 = 0.0225</td></tr>
<tr><td rowspan="2">总节能</td><td colspan="2">当高速负载率为 1.0 时，低速对应参数</td><td colspan="2">当高速负载率为 0.8 时，低速对应参数</td></tr>
<tr><td colspan="2">(0.37 + 0.0356 + 0.0236) × 100% = 42.9%</td><td colspan="2">(0.49 + 0.042 + 0.0225) × 100% = 55.5%</td></tr>
<tr><td>结论</td><td colspan="4">使用 YDT 双速电机比使用 YD 双速电机最少节能在 42.9% 至 55.5 之间，当高速负载率小于 0.8 时所对应的低速参数节能将更大（因为此时 YDT 电机负载效率更高，而 YD 电机负载效率更低）。</td></tr>
</table>

第七章　弱电系统常见问题

1　网络机柜在活动地板上直接安装问题

目前很多的建筑工程都设有网络、综合布线等弱电机房，而这些机房绝大部分装有防静电活动地板。很多工程的机柜、机架、配线架直接放在活动地板上，这样的做法是否合适呢？笔者认为是有一定缺陷的，由于这些设备没有固定，因此很不稳固，一旦有较大的外力作用，设备和线缆有可能造成损坏，影响网络等系统的正常运行。其实，相关的规范也是有明确规定的。

《智能建筑工程质量验收规范》GB 50339—2003 第 9.2.7 条第 1 款规定：

机柜不应直接安装在活动地板上，应按设备的底平面尺寸制作底座，底座直接与地面固定，机柜等设备固定在底座上，底座高度应与活动地板高度相同，然后铺设活动地板，底座水平误差每平方米不应大于 2mm。

《综合布线系统工程验收规范》GB 50312—2007 第 4.0.1 条第 3 款规定：

机柜、机架、配线设备箱体、电缆桥架及线槽等设备的安装应牢固，如有抗震要求，应按抗震设计进行加固。

2　综合布线系统水平电缆超长问题

综合布线系统的水平电缆是指：楼层配线设备到信息点之间的连接缆线。有的工程楼层配线设备至信息点之间的距离较长，致使系统信号衰减增大，影响了传输质量。

《综合布线系统工程设计规范》GB 50311—2007 第 3.2.3 条规定：

综合布线系统信道应由最长 90m 水平缆线、最长 10m 的跳线和设备缆线及最多 4 个连接器件组成，永久链路则由 90m 水平缆线及 3 个连接器件组成。连接方式如图 7-1 所示。

《综合布线系统工程验收规范》GB 50312—2007 附录 B 中关于综合布线系统工程电气测试方法及测试内容规定：

3 类和 5 类布线系统按照基本链路和信道进行测试，5e 类和 6 类布线系统按照永久链路和信道进行测试，测试按图 7-2 ~ 图 7-4 进行连接。

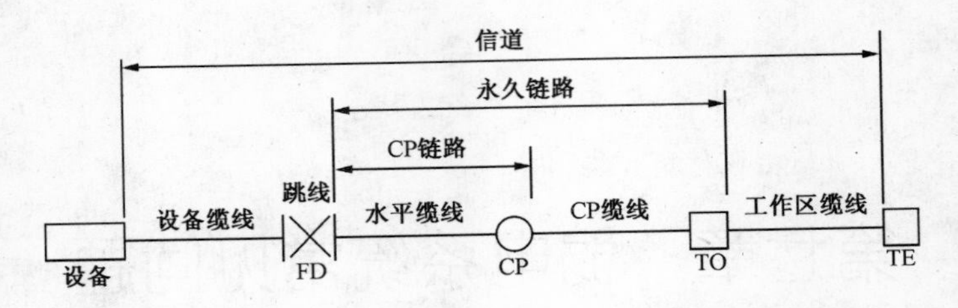

图 7-1　布线系统信道、永久链路、CP 链路构成

（1）基本链路连接模型应符合图 7-2 的方式。

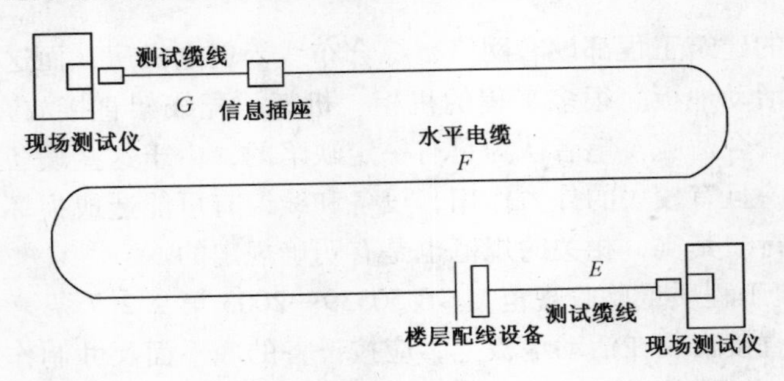

图 7-2　基本链路方式

$G=E=2\text{m}$，$F\leqslant 90\text{m}$

（2）永久链路连接模型：适用于测试固定链路（水平电缆及相关连接器件）性能。链路连接应符合图 7-3 的方式。

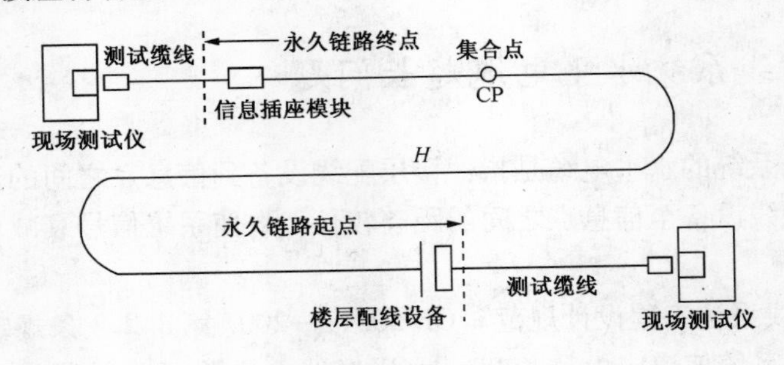

图 7-3　永久链路方式

H——从信息插座至楼层配线设备（包括集合点）的水平电缆，$H\leqslant 90\text{m}$

（3）信道连接模型：在永久链路连接模型的基础上，包括工作区和电信间的设备电缆和跳线在内的整体信道性能。信道连接应符合图 7-4 方式。

从以上《综合布线系统工程设计规范》GB 50311—2007 和《综合布线系统工程验收规范》GB 50312—2007 都规定了：水平电缆最长 90m。在实际工程中，

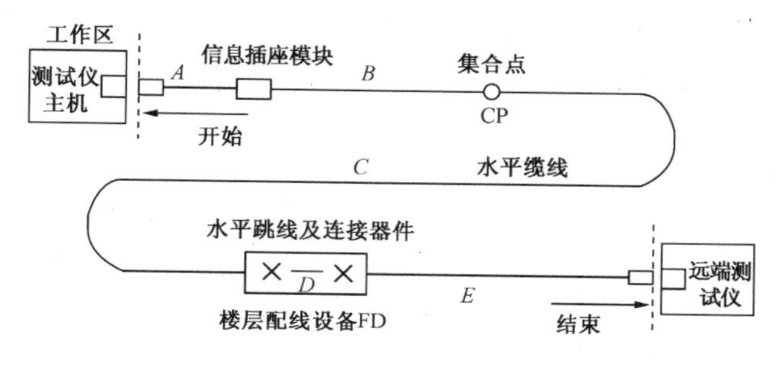

图 7-4　信道方式

A——工作区终端设备电缆；B——CP 缆线；C——水平缆线；D——配线设备连接跳线；E——配线设备到设备连接电缆 $B+C\leqslant90\text{m}$，$A+D+E\leqslant10\text{m}$

信道包括：最长 90m 的水平缆线、信息插座模块、集合点、电信间的配线设备、跳线、设备线缆在内，总长不得大于 100m。

水平电缆的路由往往较为复杂，中间由于各种障碍物可能出现多处水平和垂直的弯曲，因此，在规划水平电缆的路由时，就应考虑要满足最长 90m 的要求，避免出现影响信号传输质量的问题。

3　风机盘管加新风系统的监测与自动控制问题

风机盘管加新风系统是空调系统普遍采用的一种形式。通过风机盘管不断地循环室内空气，使之通过盘管而被冷却或加热，从而调节室内的温度。另外利用新风机组将室外的空气通过处理后，送至各房间，使房间内有足够的新风量。

风机盘管的风机转速通常分为“高、中、低”三速，在风机盘管的回水管上设置电动两通阀，可调节各房间的温度。风机转速和电动两通阀均由安装于室内的温控器控制。

（1）新风机组运行参数的监测

监控原理图如图 7-5 所示：

①新风机组进口温、湿度

在新风机组进口处安装温、湿度传感器，以测量新风温度和湿度。

②新风机组出口温、湿度

在新风机组出口处安装温、湿度传感器，以测量机组出风温度和湿度。

③过滤网两端压差

在过滤网两侧安装压力开关，以测量过滤网两端的压力差，并将压力差传至 DDC。当压力差超过设定值，压差开关闭合报警，提醒维护人员清洗过滤网。

④防冻开关

在热水盘管后安装防冻开关，作为盘管的防冻保护措施。当温度低于 5℃

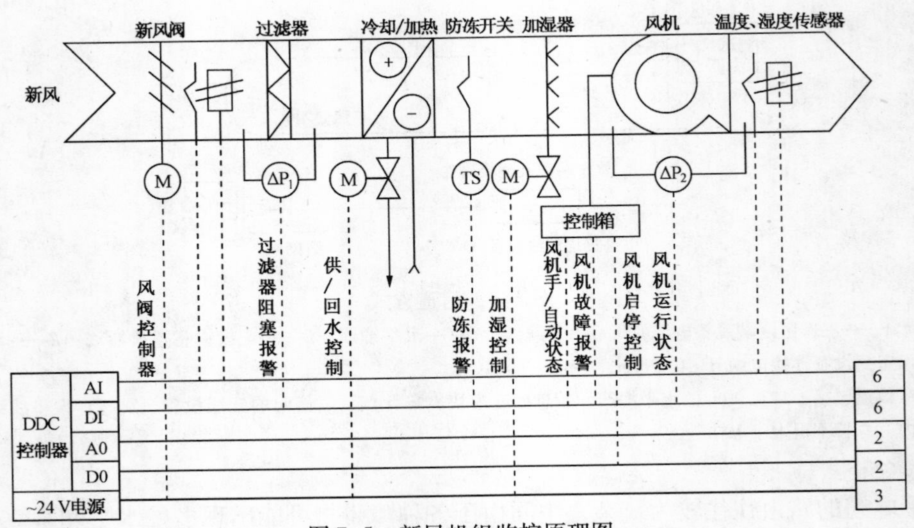

图 7-5　新风机组监控原理图

时，防冻开关动作，回水管上的电动阀自动开启一定开度，同时向管理中心报警。

⑤回水电动阀调节开度

取电动调节阀反馈 0～10V 信号作为回水电动阀门开度显示。

⑥蒸汽加湿电动阀调节开度

取电动调节阀反馈 0～10V 信号作为蒸汽加湿电动阀门开度显示。

⑦风机的状态显示、故障报警

取风机的前后压差，用以反映风机运行或停止状态；取风机主回路热继电器辅助接点做故障报警。

⑧电动风阀工作状态

监测新风阀的工作状态，以确定其是否打开或关闭。

（2）新风机组的单机调试

①在手动位置确认新风机已正常运行。

②按监控原理图，检查安装在新风机组上的温、湿度传感器、压差开关、防冻开关、电动调节阀、电动风阀等前端设备安装位置和相关的接线是否正确，并验证输入、输出信号的类型、量程是否和设置相一致。

③确认 DDC 送电后，观察 DDC 控制器和相关元件状态是否正常。

④确认 DDC 控制器和 I/O 模块的地址设置是否正确。

⑤用笔记本电脑或手提检测器检测模拟量输入点（温度、湿度等）的量值，并判断其数值是否正确。测试数字量输入点（压差开关、防冻开关等）工作状态是否正常。强置所有的模拟量输出点，确认相关的电动调节阀工作是否正常，

观察其位置调节是否随之变化。强置所有的数字量输出点，确认相关的风机、风阀等工作是否正常。

⑥启动新风机，新风阀门应连锁打开。

⑦模拟送风温度大于房间温度设定值，这时热水调节阀开度应逐渐减小，直至全部关闭（冬天工况）；或者冷水调节阀开度逐渐加大，直至全部打开（夏天工况）。模拟送风温度小于房间温度设定值，确认其冷（热）水调节阀运行工况与上述完全相反。

⑧进行湿度调节，使模拟送风湿度小于房间湿度设定值，这时加湿器应按预定要求投入工作，使送风湿度趋于设定值。

⑨如果新风机是变频调速，应模拟送风温度、湿度趋于房间设定值，风机转速应与之相应变化（减小）。

⑩新风机停止运转，则新风阀门及冷（热）水调节阀、加湿阀等应回到全关位置。

（3）新风机组运行参数的自动控制

新风系统工作流程图如图7-6所示：

①新风机组的温度自动调节

将温度传感器测量的新风机出口风温送入DDC控制器，并与设定值进行比较，计算出偏差ΔT，然后由DDC按PID规律调节冷（热）水回水电动调节阀开度，以达到控制冷（热）水量，使房间温度保持在设定值。

②新风机组的湿度自动调节

将湿度传感器测量的新风机出口送风湿度送入DDC控制器，并与设定值进行比较，计算出偏差，然后由DDC按PID规律调节加湿阀开度以达到控制喷气量，使房间湿度保持在设定值。

当被调房间温、湿度均偏离设定值时，DDC应比较温、湿度偏差大小，优先调节偏差大的参数。

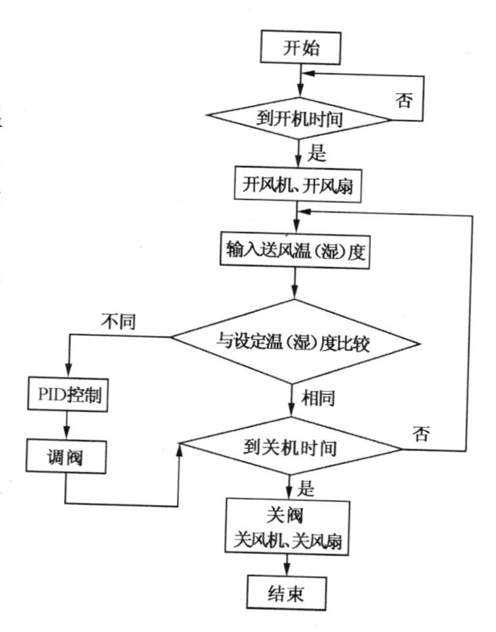

图7-6 新风系统工作流程图

在过渡季节，当新风机组进口处的温、湿度传感器检测到的温、湿度符合设定值的要求，DDC将发出指令关闭相应的电动调节阀，室外空气不需经过温、湿处理，直接进入室内。

③风机盘管控制

风机盘管的控制是由带三速开关的室内温控器来实现的，温控器安装在需要进行空气调节的房间内。温控器上的恒温器有通/断（ON/OFF）两个工作位置。当恒温器拨到“通（ON）”的位置，风机电源被接通，风机盘管的回水电动两通阀打开，为房间提供空气再处理需要的冷（热）源。温控器上有温度调节旋钮，可控制电动两通阀的开度。

当将温控器上三速开关拨至“高、中、低”的某一档，风机盘管内的风机按相应的风速向房间送风，使室内温度保持在所需的范围。另外，温控器上设有冬、夏运行选择开关，夏季运行时，将选择开关拨至“COOL（冷）”档，冬季运行选择“HEAT（热）”档，当选择开关拨在“OFF”档时，电动两通阀因失电而关闭，风机电源也同时被切断，风机盘管停止运转。

4 某工程新风系统电动水阀问题

某工程为高档写字楼，建筑面积3万多平方米。该工程的空调新风系统运行已历经两个冬季，但新风系统送风温度一直降不下来，不能达到使用及设计要求。随着客户入住率增加，对新风要求逐步提高，而效果却更加难以尽如人意。

（1）对电动水阀及控制系统的检测发现的问题

在相关方大力支持和协助下，尤其是在楼控系统施工单位和电动水阀厂家技术人员积极配合下，对电动水阀及控制系统进行了全面的检测。通过检测发现，弱电控制系统输出至电动水阀端的电压、电流完全符合要求。而大部分水阀存在下列问题：当弱电控制系统输出0～10V的电信号，电动水阀对应的开度应为0%（完全关闭状态）～100%（完全打开状态），但大部分电动水阀在得到0V电信号后，未能全部关闭。

（2）原因分析

新风系统电动水阀应为等比例线性调节阀，阀体本身应在开度0%～100%范围内实现线性调节，从而控制水流量，使温度逐步上升或下降。通过查阅阀门厂家提供的电动阀运行特性曲线，应该说符合要求。但实际运行结果却与运行特性曲线不相符。从厂家提供的电动阀运行特性曲线看出：当阀的开度在0%～40%时，温升在10℃范围以内；40%～60%时，温升在20℃范围以内；60%～80%时，温升增加至30℃范围以内。而实际的测量结果为：当控制系统输出0.3V（不包括0.3V）以下电信号时，阀体不动作，全部处于关闭状态；当电信号加至0.3V（对应3%开度）时，阀体动作，开度状态基本符合阀体本身标尺，但温度一下上升了15℃，即由关闭状态的15℃上升至30℃；当电信号依次加至0.4V、0.5V、0.6V（对应开度4%、5%、6%）时，温度才上升了3℃，即33℃；当电信号加至10V（对应开度100%）时，温度同样为33℃。应该说与其说明书提供的运行特性曲线极为不符。因此可以判定，该阀在实际运行状态下，不能实现温度随开度的变化进行线性调节。由于温度从15℃到30℃几乎是突变的，无法进行调节，才导致如上所述“温度一直降不下来”的结果发生。

通过进一步深入研究分析，发现阀体本身的材质选择可能存在一定的问题。如：水阀限位轮与限位行程齿的选材不同，限位轮为金属材质，限位行程齿为塑料材质；主传动轮与辅助传动轮材质不同，主传动轮为塑料材质，辅助传动轮为金属材质。当两种不同材质的配件咬合运行一段时间后，将可能出现磨损偏差，从而产生丢齿、脱齿等现象，导致阀门开度的运行误差加大，控制精度降低。

由以上的试验和分析可知，电动水阀不能按照输入电信号的变化而打开相应的开度，以致无法对水流量进行等比例控制，从而导致送风温度失调。

（3）处理措施

原因找到后，通过研究，将所有电动水阀（原为国产）全部更换为进口电动水阀。通过调试，电动水阀满足使用要求，送风温度可调，达到设计及使用功能要求。

（4）总结

建筑设备监控系统是智能建筑工程的重要系统，尤其是空调监控系统，它对于提高空调设备运行的可靠性、安全性，提供舒适性环境、节约能源有着重要的作用。而前端设备，如本文中的电动水阀的性能、质量是否可靠是关系到系统能否正常运行、满足使用要求的关键，因为，它必须随着负荷的变化随时进行调整。

国产产品这几年随着技术的进步、工艺水平的提高，虽然有了较大的改进，但通过本工程说明其质量还需有大的提高，才能满足系统可靠运行的需要。

另外，对前端设备如电动水阀，应在系统运行前测试核对其在零开度、50%、80%的行程处与控制指令是否一致，如不一致应及时进行处理，以免影响系统的正常运行。

5 VAV变风量空调系统的监测与自动控制问题

VAV变风量空调系统属于全空气送风方式，其特点是送风温度不变，而改变送风量来满足空间对冷热负荷的需要，就是说冷（热）水盘管回水调节阀开度恒定不变，用改变送风机的转速来改变送风量。

（1）VAV变风量空调系统运行参数的监测

VAV变风量空调系统监控原理图如图7-7所示：

①送风主干风道的静压

在送风主干风道的末端设置静压传感器，测量送风主干风道静压，通过变频器调节风机转速以改变风机送风量。

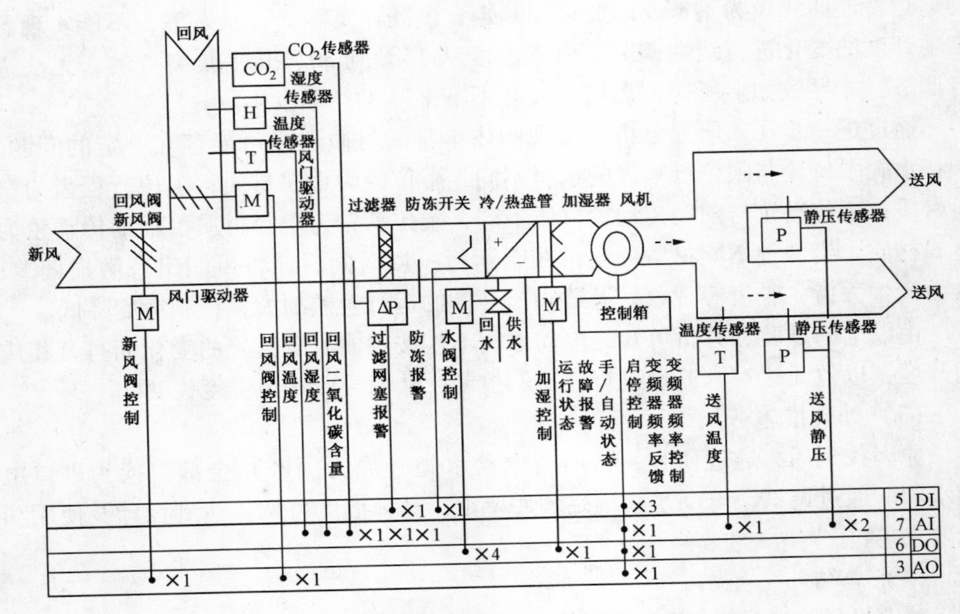

图 7-7　VAV 变风量空调系统监控原理图

②回风 CO_2 浓度

在回风管上安装 CO_2 浓度探测器，监测回风 CO_2 浓度。

③回风温度

在回风管上安装温度传感器，测量回风管风温，用来调整冷（热）水回水电动调节阀的开度。

④回风湿度

在回风管上安装湿度传感器，测量回风湿度，控制加湿器的启停。

⑤送风温度

在送风管上安装温度传感器，监测送风温度。

⑥防冻报警

在热水盘管后安装防冻开关，作为盘管的防冻保护措施。当温度低于设定值时，防冻开关动作，控制器触发联动一系列的防冻保护动作，如关闭新风阀，并打开热水阀等，同时向管理中心报警。

⑦过滤网阻塞报警

在过滤网两侧安装压差开关，以测量过滤网两端的压力差，并将压力差传至 DDC。当压力差超过设定值，压差开关闭合报警，提醒维护人员清洗过滤网。

⑧送风机的运行状态、故障报警、手自动状态、变频器频率反馈

采用送风机主回路接触器辅助接点作为开机、关机状态显示；取送风机主回

路热继电器常开接点做故障报警信号；取手/自动转换开关辅助接点，来监视风机是在手动状态还是自动状态；取变频器的频率反馈信号来监测变频器的频率。

（2）VAV变风量空调系统的自动控制

①送风量的自动控制

在VAV变风量系统中，通常把系统送风主干风道末端的静压作为变风量系统的主调节参数，根据主参数的变化来调节送风机的转速，以稳定末端静压。稳定末端静压的目的就是要使系统末端的空调房间有足够的风量来进行调节，使风量能够满足末端房间对冷（热）负荷的要求，系统其他部位的房间也就自然能够满足要求了。

如果系统为单区系统（即只有一根主干风道为一个区域供冷（热）的系统）就取系统端70%～100%段管道静压做主参数。

如果系统为多区系统（即空调机组出口有两根以上主干风道为两个以上的区域供冷（热）的系统），将每根主干风道末端的静压取出输入到DDC控制器进行最小值选择，把最小静压作为变频器的给定信号，变频器根据此信号调节送风机的转速以稳定系统静压。

以某工程为例：

该工程每层设两台空调机组，一台机组为本层的内区供冷（热），另一台为本层的外区供冷（热）。本工程VAV变风量系统为多区系统，从每台空调机组出口接出两根主干风道，在每根主干风道的末端设置静压传感器。

该工程送风量的自动控制过程：室内温度通过VAV末端装置设在房间的温控器进行设定，温控器本身自带温度检测装置，当房间的空调负荷发生变化，实际值偏离设定值时，VAV末端装置根据偏离程度通过系统计算，确定送入房间的风量，从而调整进风口风阀的开度。送入房间的实际风量可以通过VAV的检测装置进行检测，如果实际送风量与系统计算的送风量有偏差，则VAV末端装置自动调整进风口风阀开度以调整送风量。由于房间送风量的变化，必将引起主干风道的静压变化，静压传感器采集到的数值与风管静压设定值进行比较，并将信号输入到变频器，通过变频器调整风机转速，使风管保持恒定的静压。

例如夏季，当室内温度高于设定值时，VAV末端装将开大风阀提高送风量，此时主送风道的静压P将下降，并通过静压传感器把实测值输入到现场DDC控制器，控制器将实测值与设定值进行比较后，控制变频风机提高送风量，以保持主送风道的静压。如果室内温度低于设定值时，VAV末端装置将减小送风量。冬季和夏季的调节方式相同，但调节过程相反。

具体控制过程如图7-8所示：

②送风温度的自动控制

通过测量回风管的回风温度，其与设定值进行比较，进行PID运算，由DDC

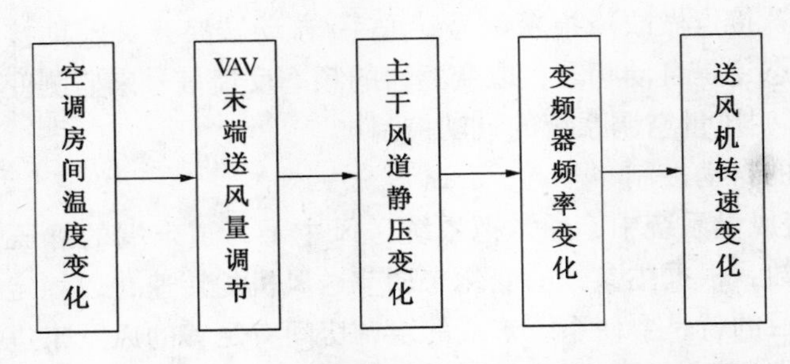

图 7-8　VAV 变风量空调系统控制过程

控制器输出信号至冷（热）水回水电动调节阀用来调整调节阀的开度，实现对送风温度的控制。

③送风湿度的自动控制

通过测量回风管的回风湿度，其与设定值进行比较，经 DDC 控制器中 ON/OFF 模块的计算，控制加湿器的启停，以满足整个空调系统的湿度要求。

④新风阀、回风阀的比例控制

调节新、回风阀门，冬夏季节在保证空调空间新风量需求的情况下，尽量减少室外新风的引入，以达到充分节能的目的。在过渡季节，通过调节新、回风阀门，充分利用室外新风，一方面可推迟用冷（热）的时间，可达到节能的目的，另一方面可增加空调区域内人员的舒适感。

⑤VAV 变风量末端装置的自动控制

VAV 变风量末端装置是补偿室内负荷变化，调节房间送风量以维持室温的重要设备。当该空间内空调负荷改变时，调节室内温控器在新的设定值，DDC 控制器根据空间内温度传感器的信号，并与设定值进行比较，通过 PID 计算，直接控制末端装置的调节阀开度，来调节供风量以适应空间的需要。对于任一给定的设定，不管进风口中静压是否改变，DDC 控制器将控制变风量末端装置保持恒定的空气流量，这一模式被称为“与压力无关”。

第八章　施工现场临时用电常见问题

1　临时用电应采用何种供电系统问题

在建筑行业标准《施工现场临时用电安全技术规范》JGJ 46—2005 第 1.0.3 条规定：建筑工程施工现场必须采用 TN-S 接零保护系统。此要求为强制性，但是否完全合理呢？下面对相关的系统做一些分析。

TN-S 系统：TN-S 系统为电力系统有一点直接接地，电气装置的外露可导电部分通过保护导体与该接地点相连接，整个系统的 N 线和 PE 线是分开的。TN-S 系统的 PE 线正常情况下不通过负荷电流，所以 PE 线和设备外壳正常不带电，只有在发生接地故障时才有电压；TN-S 系统发生接地故障时故障电流较大，可用断路器或熔断器来切除故障。

TN-C-S 系统：在装置的受电点以前中性导体和保护导体是合一的，即 PEN 线，在装置的受电点以后，N 线和 PE 线是分开的。因此，采用 TN-C-S 系统同样是可行的。

TT 系统：TT 系统为电力系统有一点直接接地，电气设备的外露可导电部分通过保护线接至与电力系统接地点无关的接地装置。有些施工现场供电范围较大，较分散，采用 TT 系统在场地内可分设几个互不关联的接地极引出其 PE 线，可避免故障电压在场地范围内传导，减少电击事故的发生；因 TT 系统接地故障电流小，应在每一回路上装设剩余电流保护器。

通过以上分析，施工现场采用何种供电系统应根据现场的实际情况进行选择，TN-S 系统、TN-C-S 系统、TT 系统都是可以采用的，TN-S 系统绝不是唯一选择，其中 TT 系统在有些情况下，还有一定的优势。

2　隔离开关问题

在国家标准《建设工程施工现场供用电安全规范》GB 50194—93 和建筑行业标准《施工现场临时用电安全技术规范》JGJ 46—2005 的相关条款中均有类似：电源进线应设置隔离开关的规定。但对隔离开关应具有的功能，大家的认识却完全不同。一种认识是：隔离开关能够接通、承载，但不能分断电流的开关电器，即隔离开关不能“带负荷操作”；另外一种认识是：隔离开关不仅能够接通、承载电流，而且在正常情况下，可以分断负荷电流，即可以“带负荷操作”。要弄清这个问题，我们需要了解现行国家低压电器制造标准《低压开关设备和控制设备　第1部分：总则》GB 14048.1-2006及《低压开关设备和控制设备　第3部分：开关、隔离器、隔离开关以及熔断器组合电器》GB 14048.3-2008中的几个相关术语。

①隔离器（disconnector）

在断开位置上能符合规定隔离功能要求的一种机械开关电器。

注：此定义与IEV 441-14-05定义不同，因为隔离功能要求不仅只限于对隔离距离的要求。

②（机械的）开关（switch（mechanical））

在正常的电路条件（包括过载工作条件）下能接通、承载和分断电流，也能在规定的非正常条件（例如短路条件下）下承载电流一定时间的一种机械开关电器。

注：开关可以接通短路电流，但不能分断短路电流。

③隔离开关（switch-disconnector）

在断开位置上能满足对隔离器隔离要求的一种开关。

从以上隔离器、开关、隔离开关的术语可知，隔离开关首先是一种开关，具备开关的所有性能，而且具备隔离器的性能，也就是说隔离开关不仅可以接通、承载和分断电流，而且在断开位置上的隔离距离满足隔离器的要求。综上所述，隔离开关的完整定义应如下：

隔离开关是一种在正常电路条件下，能够接通、承载和分断电流，且在断开状态下能符合规定的隔离功能要求的机械开关电器。

3　剩余电流保护器（RCD）问题

（1）剩余电流保护器（RCD）分类问题

按国家标准《剩余电流动作保护电器的一般要求》GB/Z 6829-2008，规定剩余电流动作保护电器根据动作方式的分类如下：

①动作功能与电源电压无关的RCD。

②动作功能与电源电压有关的RCD。

A. 电源电压故障时，有延时或无延时自动动作。

B. 电源电压故障时不能自动动作：

a. 在电源电压故障时不能自动动作，但发生剩余电流故障时能按预期要求动作；

b. 在电源电压故障时不能自动动作，即使发生剩余电流故障时也不能动作。

在实际使用中称呼的电磁式剩余电流保护器，即属于动作功能与电源电压无关的剩余电流保护器，而电子式剩余电流保护属于动作功能与电源电压有关的剩余电流保护器。

（2）电子式 RCD 是否适合应用问题

电磁式 RCD 靠接地故障电流本身的能量使 RCD 动作，而与电源电压无关，在施工现场采用是可靠的。而电子式 RCD 则借助于其所在回路处的故障残压提供的能量来使 RCD 动作，如果残压过低，能量不足，RCD 可能拒动。

电子式 RCD 是否适合应用，主要应分析故障情况下，其残压是否能够满足要求。

对 TT 系统而言，如图 8-1 所示，当发生接地故障时，RCD 处的故障残压是图中 *a* 点和电源中性点间的电压，其值接近相电压，不会存在 RCD 因电源输入端的电压过低而拒动的问题。

对 TN 系统而言，如图 8-2 所示。当发生相线碰外壳接地故障时，产生故障电流 I_d，此时 RCD 处的故障残压为：$U_{RCD}=I_d\ (Z_{L'}+Z_{PE})$。当 RCD 距故障设备很近，L′和 PE 线比较短时，U_{RCD}也比较小。当 U_{RCD}小到一定值时，它提供的能量过小，RCD 将拒动。

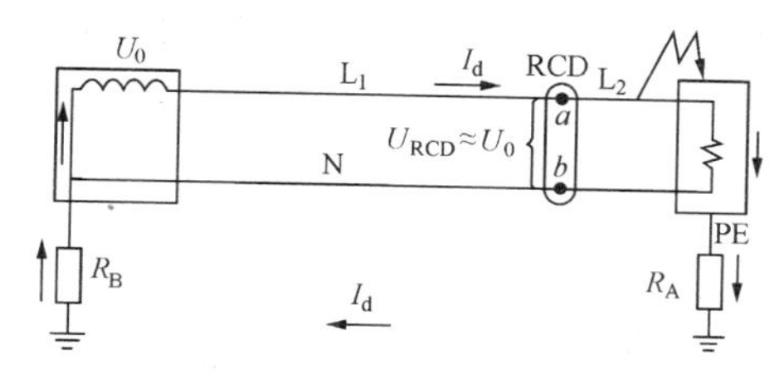

图 8-1　TT 系统内不存在故障残压过低电子式 RCD 拒动问题

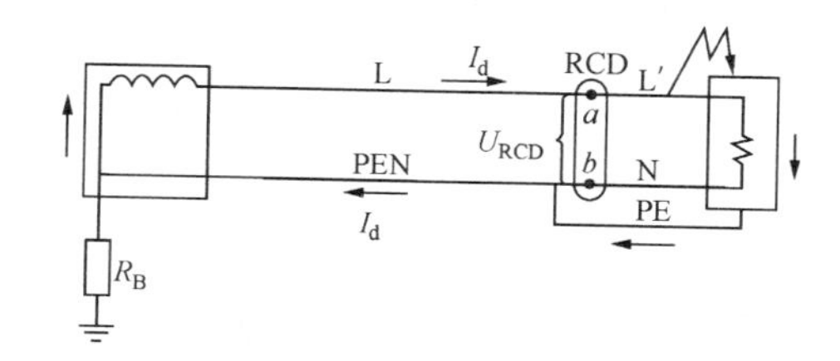

图 8-2　TN 系统内 RCD 处故障残压过低电子式 RCD 可能拒动

《剩余电流动作保护器的一般要求》GB/Z 6829-2008 规定：对 $I_{\Delta n}\leqslant 30mA$ 的剩余电流保护器，在电源电压降低到 50V（相对地电压）时，如出现大于或等于额定剩余动作电流，剩余电流应能自动动作。此规定意味着，当电源电压低于 50V 时，RCD 可能拒动。而对于施工现场，电压低于 50V，仍然存在人身电击致死的危险。

但此种情况发生的可能性比较小，通常 RCD 距设备不会很近，会有一段距离；另外采用具有过流保护功能的 RCD 也可以解决这一问题。

综上所述，当电子式 RCD 应用于 TT 系统时，不会存在 RCD 因电源输入端的电压过低而拒动的问题；当电子式 RCD 应用于 TN 系统时，当电源电压低于 50V 时，RCD 可能拒动，此时可采用具有过流保护功能的电子式 RCD。

4 剩余电流动作保护器和具有剩余电流功能的断路器是否具有过载、短路保护功能问题

有的电气技术人员认为检测剩余电流的 RCD 对过载、短路保护是不起作用的，情况果真如此吗？应该说这种认识是不全面的。

《剩余电流动作保护器的一般要求》GB/Z 6829-2008 第4.4 条规定：RCD 根据过电流保护分，应分为如下四种类型：

①不带过流保护的剩余电流保护器；

②带过流保护的剩余电流保护器；

③仅带过载保护的剩余电流保护器；

④仅带短路保护的剩余电流保护器。

从以上分类可以看出，剩余电流保护器（RCD）有不带过流保护的，也有带过流保护的，而过流保护包括过载保护和短路保护。

另外，根据《低压开关设备和控制设备 第 2 部分：断路器》GB 14048.2-2008，其附录 B 规定了“具有剩余电流保护的断路器（CBR）”的要求。明确了附录 B 适用于：

“——具有有剩余电流功能的作为一整体特性且符合本部分的断路器(CBR)；

——由剩余电流装置和符合本部分的断路器组装而成的 CBR”。

该附录 B 还给出了“具有剩余电流保护的断路器（CBR）”的定义：在规定条件下，当剩余点电流达到给定值时，用来使触头断开的断路器。

可以看出“具有剩余电流保护的断路器（CBR）”首先是一种断路器，同时具有剩余电流保护功能。而断路器一定具有过载和短路保护功能。在建设工程施工现场选择的剩余电流保护器（RCD）基本都是按 GB 14048.2-2008 制造的产品。

综合以上情况，剩余电流保护器和具有剩余电流功能的断路器并非都不具备过载、短路保护功能，在实际工程中我们应注意其铭牌上依据的制造标准，如有疑问，可请厂家提供相应的技术资料，以确定其具有的实际功能。

5 电动机保护用断路器选择问题

在施工现场由于施工的需要，有大量的电动机类负荷，例如：塔式起重机、施工升降机、各类水泵等。在使用过程中经常出现断路器跳闸的现象，后发现用

来保护电动机所采用的是一般配电型断路器，而没有采用电动机型断路器。

使用断路器来保护电动机，必须注意电动机的两个特点：一是它具有一定的过载能力；二是它的启动电流通常是额定电流的几倍到十几倍。例如笼型异步电动机直接启动电流一般为（5～7）I_n，可逆或反接制动时甚至可达（12～18）I_n；绕线式异步电动机的直接启动电流亦可达（3～6）I_n。所以，为了充分利用电动机的过载能力并保证它能顺利启动和安全运行，在选择断路器时应遵循以下原则：

（1）按电动机的额定电流来确定断路器的长延时过电流脱扣器的动作电流整定值。

（2）断路器的6倍长延时过电流脱扣器的动作电流整定值的可返回时间要长于电动机的实际启动时间。

（3）断路器的瞬时过电流脱扣器的整定电流：笼型电动机应为8～15倍脱扣器额定电流；绕线型电动机应为3～6倍脱扣器额定电流。保证断路器的瞬时脱扣电流能够躲过电动机启动冲击电流。

6　临时用电系统采用链式配电是否符合要求问题

在施工现场由于用电设备有的距离相距较远，临时用电系统中经常出现采用链式配电的情况，即将供电线路分为若干段，前后段电缆均接在在配电箱的上口端子处，依此至最后一级配电箱，如图8-3所示。将这种方式是否适合施工现场的要求呢？

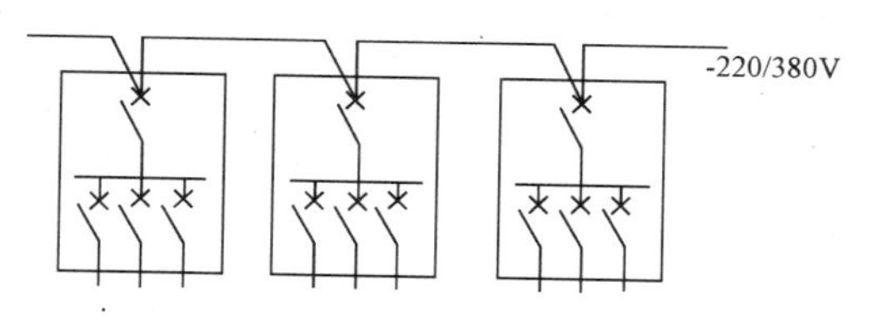

图8-3　链式配电示意图

在现行国家标准《供配电系统设计规范》GB 50052—2009第7.0.4条规定：当部分用电设备距离供电点较远，而彼此相距很近、容量很小的次要用电设备，可采用链式配电，但每一回路环链设备不宜超过5台，其总容量不宜超过10kW。由此可见，采用链式配电在一定的前提条件下是可以采用的，但对容量较大、较重要的负荷是不宜采用的。因为链式配电的缺点是：任一链接点发生故障，其所有负荷均可能受到影响；而且当链接线路发生短路等故障，将导致此供电系统切断电源，影响面比较大。因此链式配电的可靠性比较差。在施工现场的用电负荷是比较复杂的，有的负荷非常重要，一旦供电系统出现突然断电，可能带来意想不到的安全问题。所以，一般情况下不应采用链式配电系统，当需要采用时，应遵守《供配电系统设计规范》GB 50052—2009第7.0.4条的规定。

7 建筑工地用成套设备“CCC”认证问题

GB 7251《低压成套开关设备和控制设备》分为如下几个部分：

第 1 部分：型式试验和部分型式试验成套设备；

第 2 部分：对母线干线系统（母线槽）的特殊要求；

第 3 部分：对非专业人员可进入场地的低压成套开关设备和控制设备——配电板的特殊要求；

第 4 部分：对建筑工地用成套设备（ACS）的特殊要求；

第 5 部分：对公用电网动力配电成套设备的特殊要求。

国家认证认可监督管理委员会发布的《第一批实施强制性产品认证的产品目录》中包含低压成套开关设备。而低压成套开关设备包括建筑工地用成套设备，因此建筑工地用成套设备均应进行“CCC”认证。图 8-4 是建筑工地用成套设备的铭牌。

图 8-4　建筑工地用成套设备的铭牌

8 交流电焊机防触电保护装置的问题

在施工现场施焊作业时，大量采用交流电焊机。交流电焊机在施焊时一般只有 30V 左右，但还是经常发生触电事故。其原因是：交流电焊机在空载时，二次侧电压高达 60 ~ 70V 左右，当电焊工操作不慎时就可能发生触电事故，而且电焊工的操作位置经常移动，焊把线容易受损，使电焊工接触高电压的可能性增加，这也就增大了触电的可能性。

《施工现场临时用电安全技术规范》JGJ 46—2005 第 9. 5. 3 条规定：交流电焊机械应配装防二次侧触电保护器。其条文说明是这样解释的：交流电焊机械除应在开关箱内装设一次侧漏电保护器以外，还应在二次侧装设触电保护器，是为了防止电焊机二次空载电压可能对人体构成的触电伤害。现场使用的交流电焊机在空载时，其二次侧的电压通常为 60 ~ 70V 左右，在干燥场所，安全电压交流应不大于 50V，而施工现场一般界定为潮湿场所，其安全电压交流应不大于 25V。在使用二次侧防触电保护器以前，发生过交流电焊机未施焊而二次电压电击伤人的事件。因此，为避免交流电焊机二次电压电击伤人的事件，需将二次空载电压降至安全电压，即降至 25V 以下。国家标准《弧焊变压器防触电装置》GB 10235-2000 第 7.5 条对防触电装置的制造提出了明确规定：

低空载电压不应大于 24V。

当装置的输入电压为额定值的 110% 时，其低空载电压也不应超过 30V。

这样的规定，应该说对人身的安全还是比较有保证的。

但是在防触电保护器使用的过程中，还是有一些违反规定的做法出现，最为突出的是：有的操作人员，为了施焊方便，将防触电保护器甩开，或将防触电保护器的进出线直接接在一起，使其失去防触电保护作用。为保证人身安全，这种情况应避免出现。

在防触电保护器使用前，还要注意应采用 500V 兆欧表对其绝缘电阻进行测量，各极之间及与外壳之间的绝缘电阻不应低于 2.5MΩ。否则，应进行处理。

9　装用 30mA 剩余电流保护器是否可以确保人身安全的问题

施工现场末级配电箱，一般均设置额定动作电流不大于 30mA 的剩余电流动作保护器（简称 30mA RCD）。应该说 30mA RCD 对保证人身安全具有重要作用，但有一些人员认为装设了 30mA RCD 就可确保人身安全，从而忽略其他防电击的措施。其实，虽然 30mA RCD 具有重要作用，但其应是其他防范措施的后备措施。而电气设备、线路绝缘的完好及其他防护、围挡措施才是防电击的主要措施，这是因为如果这些措施完全到位，一般可以避免发生电击事故，万一这些措施失效，作为后备措施的 30mA RCD 将起到重要作用。所以 30mA RCD 不能代替其他的主要防范措施，因为它不能绝对确保人身安全。

当人体同时触及同一回路的带电导体，如触及同一回路的相线和中性线，虽然该回路装设了 30mA RCD，人体仍将遭受电击，因为故障电流在 RCD 电流互感器励磁回路内产生的磁场方向相反而相互抵消，RCD 将无法动作，如图 8-5 所示。

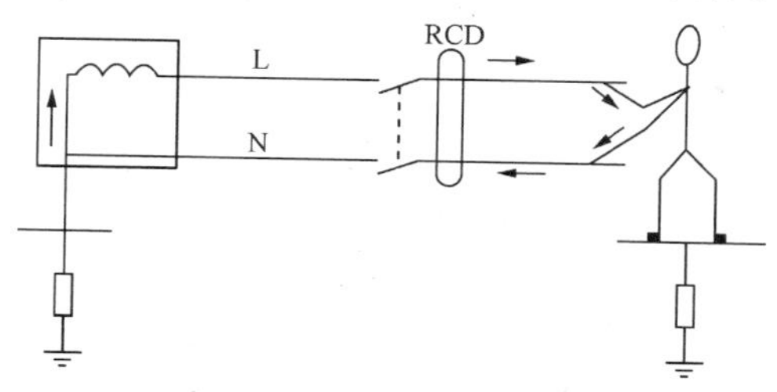

图 8-5　人体同时触及同一回路相线和中性线仍遭电击示意图

另外，RCD 还可能由于某种原因动作迟缓，人体仍然有遭受电击致死的危险，因此用 RCD 防直接接触电击并非绝对可靠。所以，在采用装设 RCD 这一重要后备措施的情况下，其他主要防范措施仍应到位，这样才能最大限度地确保人身安全。

10 是否需要测量剩余电流动作保护器的动作电流问题

剩余电流动作保护器安装后，为检验其性能是否达到设计要求，需要用专用仪表进行测试。关于测试内容，北京市《建筑工程资料管理规程》给出的测试表格要求的内容如表 8-1 所示：

漏电开关模拟试验记录表 **表 8-1**

<table>
<tr><td colspan="3">漏电开关模拟试验记录表 C6-30</td><td colspan="2">资料编号</td><td></td></tr>
<tr><td>工程名称</td><td colspan="5"></td></tr>
<tr><td>试验器具</td><td></td><td>试验日期</td><td colspan="3"></td></tr>
<tr><td rowspan="2">安装部位</td><td rowspan="2">型　号</td><td colspan="2">设 计 要 求</td><td colspan="2">实 际 测 试</td></tr>
<tr><td>动作电流（mA）</td><td>动作时间（ms）</td><td>动作电流（mA）</td><td>动作时间（ms）</td></tr>
<tr><td></td><td></td><td></td><td></td><td></td><td></td></tr>
<tr><td></td><td></td><td></td><td></td><td></td><td></td></tr>
<tr><td></td><td></td><td></td><td></td><td></td><td></td></tr>
<tr><td></td><td></td><td></td><td></td><td></td><td></td></tr>
<tr><td></td><td></td><td></td><td></td><td></td><td></td></tr>
<tr><td></td><td></td><td></td><td></td><td></td><td></td></tr>
<tr><td></td><td></td><td></td><td></td><td></td><td></td></tr>
<tr><td colspan="6">测试结论：</td></tr>
</table>

<table>
<tr><td rowspan="3">签
字
栏</td><td rowspan="2">施工单位</td><td rowspan="2"></td><td>专业技术负责人</td><td>专业质检员</td><td>专业工长</td></tr>
<tr><td></td><td></td><td></td></tr>
<tr><td>监理（建设）单位</td><td></td><td></td><td>专业工程师</td><td></td></tr>
</table>

本表由施工单位填写。

从表8-1中可以看出，需要的测试内容有2项：动作电流和动作时间。

国家现行标准《剩余电流动作保护装置安装和运行》GB 13955-2005第7.4条规定：为检验剩余电流保护装置在运行中的动作特性及其变化，运行管理单位应配置专用测试仪器，并应定期进行动作特性试验。

动作特性试验项目：

①测试剩余动作电流值；

②测试分断时间；

③测试极限不驱动时间。

从以上规定看出，测试内容多了一项：测试极限不驱动时间。但在实际工作当中一般不进行此项测试，在产品出厂时应进行测试。

在剩余电流动作保护器实际应用中，设计（或规范）对动作时间和动作电流均会提出明确要求，如：动作电流不大于30mA，动作时间不大于0.1s。按照设计（或规范）选定剩余电流保护器时，动作电流此时一般是一个定值（如：30mA），动作时间要求不大于一个最大值（如：不大于0.1s）。所以，测试时应将测试仪表的动作电流值设定为定值（如：30mA），然后测试动作时间，动作时间不大于最大值，一般应视为合格。

如按表8-1要求测量实际动作电流值，将测试仪表的动作时间固定在最大值（如：0.1s），然后测出动作电流值。需要探讨的问题是：这样测量的意义何在？笔者认为没有意义。因为当选定某一确定参数的剩余电流动作保护器时，在实际应用中，设备发生漏电，在漏电电流达到动作电流额定值时，使剩余电流动作保护器在规定的时间内跳闸，应该说剩余电流动作保护器起到了应有的作用，而不必再测量动作电流值。在有的工程实际测量中甚至出现了动作电流值无法测量的问题。例如：某临电工程其中的剩余电流动作保护器的额定动作电流值为50mA，动作时间为不大于0.2s。以额定动作电流值来测量动作时间为50ms，小于0.2s（200ms），应该说是合格的。但当动作时间设定为0.2s，来测量动作电流时测量仪器却出现错误显示，无法测出动作电流值，不能判断此剩余电流动作保护器不合格。在剩余电流动作保护器实际运行中，如所带设备或线路出现漏电，且漏电电流远大于额定值时，剩余电流动作保护器应更快跳闸，这是其应具有的性能。这可从其制造标准《剩余电流动作保护电器的一般要求》GB/Z 6829-2008中可以看出，其中第5.4.12.1条规定了无延时型RCD的最大分断时间标准值，如表8-2所示。

从表8-2可明显看出，当漏电电流为$I_{\Delta n}$时，最大动作时间为0.3s；当漏电电流为$2I_{\Delta n}$时，最大动作时间为0.15s；当漏电电流为$5I_{\Delta n}$时，最大动作时间为0.04s。所以漏电电流越大，一般动作时间越短。

无延时型 RCD 对于交流剩余电流的最大分断时间标准值　　**表 8-2**

$I_{\Delta n}/A$	最大分断时间标准值（s）			
	$I_{\Delta n}$	$2I_{\Delta n}$	$5I_{\Delta n}$①	$>5I_{\Delta n}$②
任何值	0.3	0.15	0.04	0.04

①对于 $I_{\Delta n}\leqslant 0.030A$ 的 RCD，可用 0.25A 代替 $5I_{\Delta n}$。

②在相关的产品标准中规定。

11　如何选用“三极四线 RCD”与“四极 RCD”问题

在建筑工程施工现场经常见到两种 RCD，即“三极四线 RCD”与“四极 RCD”。所谓“3 极四线 RCD”，即 N 线虽然进入 RCD，但在 RCD 动作时，只将三个相线断开，而 N 线不断开。而“四极 RCD”，在其动作时，N 线与三个相线是一起断开的。我们在临电工程中应如何进行选用呢？“三极四线 RCD”与“四极 RCD”的选用与临电工程所采用的系统有密切关系。

（1）当采用 TT 系统时，应选用“四极 RCD”。

RCD 的电源侧发生相线接地故障，如图 8-6 所示，其故障电流 $I_d=U_0/(R_B+R_E)$，它在变电所接地电阻 R_B 上产生故障电压 U_f。由于 TT 系统的 I_d 不大，电源端的过电流防护电器不能切断电源，使中性线持续带故障电压 U_f。但由于中性线是绝缘的，所以这一 U_f 并不立即导致电气事故，而是作为第一次故障的隐患而持续潜伏下来。当回路发生第二次故障，如图所示的相线碰外壳故障时，RCD 因此动作而切断电源。如果中性线未装设刀闸，则第一次故障产生的故障电压 U_f 将如图 8-6 中虚线所示，沿中性线经设备内绕组以及相线碰外壳的故障点而呈现在设备外壳上，这时虽然 RCD 有效和正常地动作，却无法避免电击事故的发生。如果中性线绝缘损坏碰外壳，后果也是同样的。假如 RCD 中性线上也设有刀闸并和相线及时切断电路，则 U_f 传导的路径被切断，这类事故就可以避免发生。

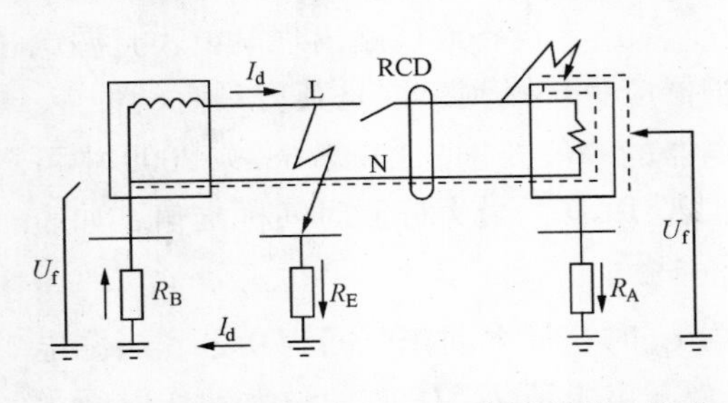

图 8-6　TT 系统内 RCD 不断中性线，设备外壳可能带危险电压

（2）当采用 TN-S 系统时，如能确保中性线为地电位，可选用“三极四线 RCD”。

国家标准《低压配电设计规范》GB 50054—2011 第 3.1.11 条规定：除在 TN-S 系统中，当中性导体为可靠的地电位时可不断开外，RCD 应能断开所保护回路的所有带电导体。笔者理解：当能确保中性线为地电位时，而对接触中性线的人员不会造成电击伤害。

在 TN-S 系统中，N 线和 PE 线在电源处是接在一起的，此处的 N 线与 PE 线是同一电位，但线路配出后，尤其是较远的线路是否还能保证 N 线和 PE 线是同一电位呢？笔者通过几个临电工程的实际测量，发现有的 N 线和 PE 线之间还是存在一定的电位差，一般是在 5～10V 之间。这样的电位差，并不存在人身电击的危险，但是当电位差达到 25V 及以上时，人身是有电击危险的。

由以上情况可以看出，一般情况下 N 线与 PE 线之间是存在电位差的，因为通常情况下三相是不平衡的，N 线上必然有电流，不平衡度越大，电流越大，而 N 线本身存在一定的电阻，离电源接地点越远，电阻就越大，相应的电压也就越大。当离电源接地点很近，如：总配电箱处的 N 线与 PE 线之间可能检测不到电压。

综合以上情况，应该说完全满足《低压配电设计规范》GB 50054—2011 第 3.1.11 条所规定的“中性导体为可靠的地电位”时，才能采用“三极四线 RCD”，但在实际临电工程中很难达到。这样会限制“三极四线 RCD”的使用，取而代之的是将大量采用“四极 RCD”，这样又会带来“断零”（即断 N 线）的隐患，这也是我们不愿意看到的。在实际临电工程中，我们应如何进行权衡呢？笔者的意见是：在线路安全有可靠保证的前提下，N 线与 PE 线之间的电位差不大（理论上不超过 25V，在实际中应越低越好），可采用“三极四线 RCD”，因为即使相线全部断开，虽然 N 线带电压，但不会危及人身安全。

当然，在有些特殊情况，如：发生接地故障时，N 线也会带危险电压。

（1）低压供电网络内发生一相接地故障，故障电流在变电所接地极 R_B 上产生电压降，使中性点和中性线对地带危险电压。如图 8-7 所示。

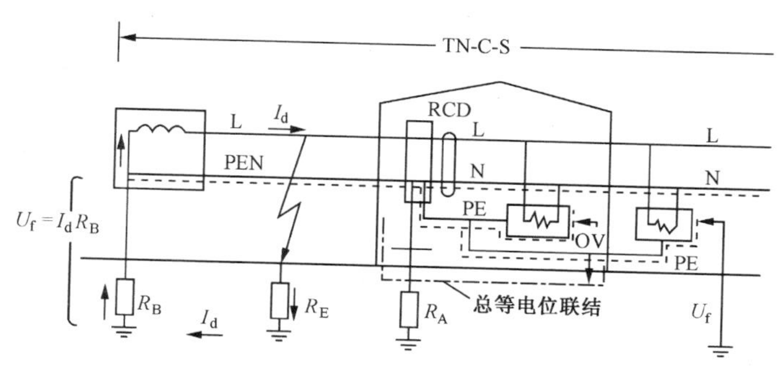

图 8-7　沿 TN 系统线路导来的故障电压可在无总等电位联结作用的户外引起电击事故

建筑物由低压架空线路供电，因相线落入水塘而发生接地故障。受图中变电所接地电阻 R_B 和故障点接地电阻 R_E 的限制，接地故障电流不大，假设为 20A，它不足以使变电所出现过电流防护电器切断电源。设 $R_B=4\Omega$，则 R_B 上的持续电压降，即 PEN 线以及与其连接的 PE 线、中性线上的持续故障电压 $U_f = I_d R_B = 20 \times 4 = 80V$。当此 U_f 沿 PE 线传导到建筑物内所有外露导电部分上时，由于总等电位联结的作用，建筑内电气装置外露导电部分和装置外导电部分都处于同一电位水平上。虽然整个建筑物对地电位升高至 $U_f = 80V$，建筑内却不出现电位差，不会发生电气事故。但该电气装置的户外部分并不具备等电位联结作用，图中户外的一台设备因 PE 线传导电位而 $U_f = 80V$ 的故障电压，人站立的地面的电位却仍为 OV，接触此设备的人员不可避免地将遭受电击。此时的 N 线对地同样带 80V 的危险电压。

（2）保护接地和低压侧系统接地共用接地装置的变电所内高压侧发生接地故障，其故障电压同样也在 R_B 上产生电压降，引起中性线带危险电压。如图 8-8 所示。

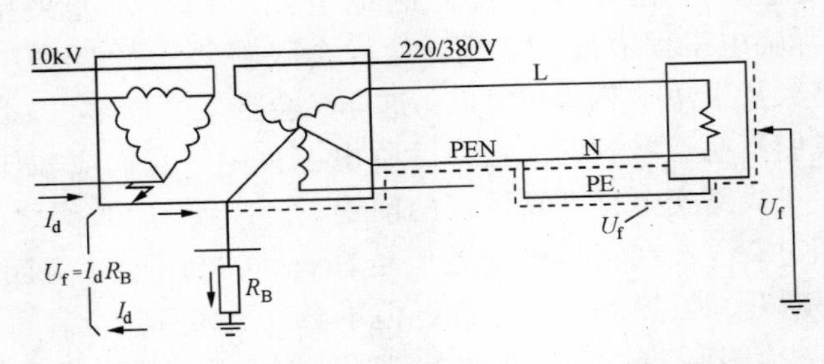

图 8-8　10kV 经小电阻接地系统内 TN 系统的电击危险

当小电阻接地系统 10/0.4kV 变电所内高压侧（包括高压开关柜、高压线路、10/0.4kV 变压器等）发生接地故障时，如低压侧为 TN 系统，则如图 8-8 所示，由于共用接地极 R_B 低压侧中性点以及 PEN 线、PE 线对地电位也同时升高 $U_f = I_d R_B$ 值，此时 N 线同样带危险电压 U_f。关于人在建筑物内和建筑物外是否遭受电击的分析与上面相同，不再赘述。需要说明的是：如 10kV 电网如图所示的经小电阻接地系统，人体承受的接触电压高达几百以至上千伏，人体电击致死的危险很大。问题还在于一旦发生电击事故，事故的原因和罪魁祸首却很难查清。因变电所 10kV 侧接地故障电流 I_d 大，事故发生后 10kV 故障回路的继电保护迅速动作，电击部位不再呈现 U_f 电压，无法查明事故的确切起因。

12　额定动作电流相同的三相 RCD 与单相（1P + N）RCD 的动作问题

选用额定动作电流同为 30mA 的三相 RCD 与单相（1P + N）RCD 进行分析，并假设 RCD 功能完好。

对于单相 RCD，当实际漏电电流为 30mA 时，RCD 应能动作。但对于三相 RCD，当其中一相漏电电流为 30mA，RCD 是否动作？当两相漏电电流均为 30mA 呢？三相漏电电流均为 30mA 呢？在分析这些问题之前，我们应该明确：三相 RCD 检测的是三相漏电电流的矢量和，当三相漏电电流的矢量和达到 30mA 时，RCD 应动作。

当其中一相漏电电流为 30mA，而其他两相无漏电时，其矢量和为 30mA，RCD 应能动作。当其中两相漏电电流为 30mA，第三相无漏电，其矢量和为 30mA，RCD 也应能动作。当三相漏电电流均为 30mA，其矢量和为 0，RCD 不会动作。

通过以上分析，应该说三相 RCD 与单相（1P + N）RCD 的动作有很大的不同。当三相 RCD 的三相均出现危险漏电电流，而漏电电流矢量和却达不到 30mA，三相 RCD 可能并不跳闸。此时三相 RCD 是有保护缺陷的，也可以说有保护死区的。所以装设 RCD 并不能保证任何危险情况下都能起到保护作用，因此为减少 RCD 保护死区的影响，应保证线路的绝缘良好、规范施工。

13 临电工程安全电压问题

我们平时所称的“安全电压”实际相当于 IEC 标准的“安全特低电压”（safety extralow voltage）。我们先来看一看国家标准的相关规定。

《安全电压》GB 3805-1983 中明确的安全电压的定义为：为防止触电事故而采用的由特定电源的电压系列。这个电压系列的上限值，在任何情况下，两导体间或任一导体与地之间均不得超过交流（50 ~ 500Hz）有效值 50V。同时在其注①中还强调：安全电压的供电电源的输入电路与输出电路必须实行电路上的隔离。《安全电压》GB 3805-83 中还规定了安全电压额定值的等级为：42V、36V、24V、12V、6V，这种分级是我们在实际工作中最熟悉的。

《安全电压》GB 3805-1983 于 1994 年 2 月 1 日被《特低电压（ELV）限值》GB/T 3805-1993 代替，而 GB/T 3805-1993 于 2008 年 9 月 1 日又被《特低电压（ELV）限值》GB/T 3805-2008 代替。在这两个标准中对电压限值又有了新的规定，具体如表 8-3 所示。

15 ~ 100Hz 交流和直流（无纹波）的稳态电压限值 **表 8-3**

环境状况	电压限值（V）					
	正常（无故障）		单故障		双故障	
	交流	直流	交流	直流	交流	直流
1	0	0	0	0	16	35
2	16	35	33	70	不适用	

续表

环境状况	电压限值（V）					
	正常（无故障）		单故障		双故障	
	交流	直流	交流	直流	交流	直流
3	33①	70②	55①	140②	不适用	
4	特殊应用					

①对接触面积小于 $1cm^2$ 的不可握紧部件，电压限值分别为66V和80V。

②在电池充电时，电压限值分别为75V和150V。

③环境状况1：皮肤阻抗和对地电阻均可忽略不计（例如人体浸没条件）；

环境状况2：皮肤阻抗和对地电阻降低（例如潮湿条件）；

环境状况3：皮肤阻抗和对地电阻均不降低（例如干燥条件）；

环境状况4：特殊状况（例如电焊、电镀），特殊状况的定义由各有关专业标准化技术委员会规定。

从表8-3可以看出，新标准《特低电压（ELV）限值》GB/T 3805-2008取消了老标准《安全电压》GB 3805-1983中的42V、36V、24V、12V、6V电压等级的规定，取而代之的是在不同环境条件下电压限值的规定。在正常、无故障情况下，环境状况1、2、3的电压限值分别为0V、16V、33V。按此规定是不是意味着高于33V的36V、42V设备不能再应用？而我们临电工程中还大量采用36V供电的照明设备。笔者认为不能简单这样判断，在国家标准《标准电压》GB/T 156-2007中规定了交流低于120V的设备标称电压，如表8-4所示。

交流低于120V的设备标称电压

表8-4

标称值（A.C）	
优选值（V）	增补值（V）
	5
6	
12	
	15
24	
	36
48	
	60
100	
	110

从表8-4可以看出，交流低于120V的设备标称电压可以是：5V、6V、12V、15V、24V、36V、48V、60V、100V、110V。

《低压配电设计规范》GB 50054—2011规定：特低电压是相间电压或相对地电压不超过交流方均根值50V的电压。

《电工术语 电气装置》GB/T 2900.71-2008/IEC 60050-826:2004中特低电压的定义为：不超过GB/T 18379/IEC 60449规定的有关Ⅰ类电压限值的电压。GB/T 18379-2001中规定Ⅰ类电压区段为：相间及相对地间均为50V。

将以上几个标准特低电压限值（最高）进行一下综合：

特低电压限值（最高）综合表 表 8-5

标准号	GB 3805-1983	GB/T 3805-1993 GB/T 3805-2008	GB 50054-2011	GB/T 2900.71-2008
特低电压限值（最高）	42V	33V	50V	50V

按 GB/T 3805-2008 的规定，最高特低电压限值为 33V，与 GB 50054-2011 和 GB/T 2900.71-2008 所规定的 50V 不一致。GB/T 3805-2008 所规定的电压限值（33V 和 16V）所对应的设备，采用的并不普遍，而 GB/T 3805-2008 的老版本 GB 3805-1983 所规定的电压限值所对应的设备，采用却很普遍，如：36V 照明。36V 在国家标准《标准电压》GB/T 156-2007 中也有此标准值。

针对施工现场的临时用电工程，通常在照明供电上采用安全电压，目前多采用 36V。按照相关标准的规定，交流 50V 以下即为安全电压，但 50V 是针对干燥场所而言的。施工现场有的场所是干燥场所，有的场所却是潮湿场所，如果不加以区分，均采用 36V，那样就会存在隐患，当人直接接触带电导体，可能造成电击致死的危险。对于潮湿场所，IEC 标准为确保安全，规定供电回路的安全电压（SELV）不超过 25V，用来防范直接接触电击。

第九章　建筑电气工程其他常见问题

1　电气工程中的电化学腐蚀问题

在电气工程中经常涉及电化学腐蚀问题，例如最常见的铜铝连接问题，还有在幕墙防雷工程中镀锌扁钢与铝合金龙骨连接问题。

发生电化学腐蚀有3个必不可少的条件：阳极、阴极、电解液。不同的金属具有不同的电极电位，所以当两种不同金属搭接在一起时，由于两者的电位差，就会产生电流。因电流的通过（从阴极流向阳极——相当于电池内部），使较低电位金属发生阳极消融腐蚀。电位差越大，产生的电流愈强，腐蚀损耗率就愈大。伽凡尼电位序位（CalVanic Potential Series）可以说明在不同环境下，各种金属阳极性或阴极性的趋势。在海水、淡水溶液或其他环境中，伽凡尼电位序位也可能会有差异，以海水中的伽凡尼电位序位而言，金属电位由大到小顺序为：钾（K）、钠（Na）、镁（Mg）、铝（Al）、锌（Zn）、镉（Cd）、铁（Fe）、钴（Co）、镍（Ni）、锡（Sn）、铅（Pb）、铜（Cu）、银（Ag）、铂（Pt）、金（Au）。

上述电位序位中，电位序位在前面的金属对电位序位在其后面的金属将形成阳极；电位序位在后面的金属对于电位序位在前面的金属形成阴极。这些金属例如：金、铂、银等具有化学惰性，而从另一方面来看由于电位序位在前面的金属相对于电位序位在后面将形成阳极，由于腐蚀发生于阳极，因此就可以保护其后位金属避免腐蚀。标准电极如表9-1所示。

标准电极　　**表9-1**

电　极	Mg/Mg^{2+}	Al/Al^{3+}	Mn/Mn^{2+}	Zn/Zn^{2+}	Fe/Fe^{2+}	Ni/Ni^{2+}
电极电位（V）	-2.370	-1.660	-1.180	-0.763	-0.440	-0.250
电　极	Sn/Sn^{2+}	Pb/Pb^{2+}	Cu/Cu^{2+}	Ag/Ag^{+}	Au/Au^{+}	
电极电位（V）	-0.136	-0.126	+0.337	+0.799	+1.700	

2 供电方案的“高基”、“低基”问题

一般建筑工程，当地供电管理部门均会根据工程性质、用电容量出具供电方案。我们还有一些电气人员不太了解供电方案的“高基”、“低基”问题，其实“高基”、“低基”均是指变电所，“高基”即是高基变电所，“低基”即是低基变电所。

（1）高基变电所：即自管变电所（俗称高压自管户），是业主自己建设和自行管理的变电所。如向大型商业建筑、办公建筑、宾馆建筑等供电以及向住宅小区内配套的商业、学校等公共设施供电的变电所就属于高基变电所。其变压器容量一般为160kVA～2500kVA。高基变电所一般设高压计量。

（2）低基变电所：即公管变电所或局管变电所，其设计与管理均由供电部门负责。如住宅小区内向住宅楼供电的变电所就属于低基变电所。变电所内一般安装两台容量均不超过1000kVA的变压器。低基变电所通常不设计量，一般在低压用户处设计量。

3 应急柴油发电机的启动信号应取自哪里的问题

在建筑工程中，对一级负荷中的特别重要负荷，例如：消防负荷等，不但需要有两路市电供电，还需要设置应急电源，而应急电源的形式之一是采用应急柴油发电机组。电气设计图纸一般要求，当两路市电失电时，应急柴油发电机应能自动启动，并在30s内供电。

但柴油发电机启动信号应取自哪里呢？柴油发电机的启动涉及两个重要方面：（1）在两路市电停电时，能够迅速启动以保证特别重要负荷能够及时供电；（2）防止柴油发电机误动作，造成与正常电源并列运行。这部分内容在《供配电系统设计规范》GB 50052—2009第4.0.2条中有明确规定，同时在条文说明中也明确提出“应急电源原动机的启动命令必须由正常电源主开关的辅助接点发出，而不是由继电器的接点发出，因为继电器有可能误动作而造成与正常电源误并网”。一般电气设计多从双电转换开关ATSE处取得发电机的启动信号。如图9-1所示：

下面讨论一下这样做的可靠性问题，将两路电源均画出，如图9-2所示。

消防负荷的第一电源回路引自变压器TM1，其第二电源引自变压器TM2的双电源转换开关ATSE之后的应急母线段，如果此时将柴油发电机的启动信号取自ATSE，当TM2因过载等原因高压跳闸断电，ATSE检测到主电源端无电，就会立即输出启动柴油发电机的信号，而此时TM1是有电的，也就是消防第一电源是有电的，不需要柴油发电机的投入，那么此时柴油发电机的启动就应属于误

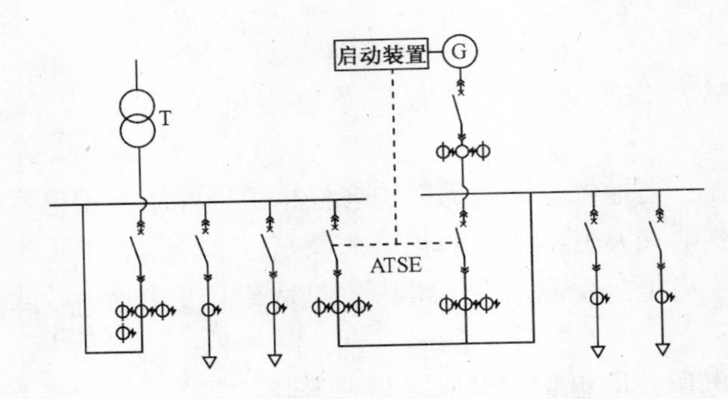

图 9-1　应急发电机启动信号示意图 1

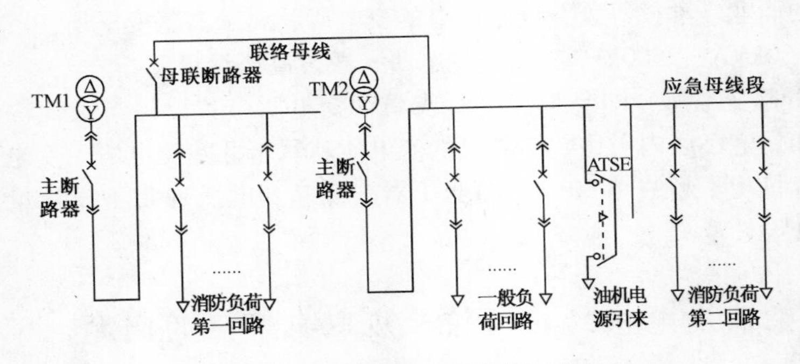

图 9-2　应急发电机启动信号示意图 2

启动。因此，柴油发电机的启动信号取自如图所示的 ATSE 也并非完全可靠。除非认为在两路市电均失电，而变压器及相关线路又不同时损坏的情况下，才是可靠的。

那柴油发电机的启动信号取自高压是否合理呢？据了解高压真空断路器的辅助接点是可以提供真空断路器分合闸位置信号的。当市电有电，真空断路器处于合闸位置，变压器出现故障引起真空断路器跳闸，此时，发电机将得到真空断路器处于分闸位置信号，相当于判定市电失电，所以发电机将被启动。其实，此时市电并未真正失去，柴油发电启动也应属于误启动。

通过以上的分析，笔者认为柴油发电机作为应急电源，其信号取自低压自动转换开关 ATSE，还是取自高压真空断路器的辅助接点，其可靠性应该所差无几，都应该有一个共同的前提，即供电系统应在正常运行的条件下，由于电网原因市电突然失去时（应该不考虑市电正常，变压器故障的情况下），来检验发电机启动的可靠性。

综上所述，笔者认为柴油发电机的启动信号装置，应采集两路市电的信号，只有当两路市电均失电的情况下，才能启动柴油发电机。

4　变压器负载率及效率问题

变压器的效率是指变压器的输出功率 P_2 与输入功率 P_1 之比，用百分值表示，即 $\eta=(P_2/P_1)\times100\%$。

变压器是用于电能传递的，它在电能传递过程中，会产生损耗即空载损耗 P_0 和负载损耗 P_k，$P_0+P_k=P_Q$，P_Q 即为变压器的总损耗。

当变压器的输出功率 P_2 等于输入功率 P_1 时，效率 η 等于 100%，变压器将不产生任何损耗。但实际上这种变压器是没有的。变压器传输电能时总要产生损耗，这种损耗主要有铜损（也称负载损耗）和铁损（也称空载损耗）。

铜损是指变压器线圈电阻所引起的损耗，当电流通过线圈电阻发热时，一部分电能就转变为热能而损耗。由于线圈一般都由带绝缘的铜线缠绕而成，因此称为铜损。

变压器的铁损包括两个方面：一方面是磁滞损耗，当交流电流通过变压器时，通过变压器硅钢片的磁力线其方向和大小随之变化，使得硅钢片内部分子相互摩擦，放出热能，从而损耗了一部分电能，这便是磁滞损耗。另一方面是涡流损耗，当变压器工作时，铁芯中有磁力线穿过，在与磁力线垂直的平面上就会产生感应电流，由于此电流自成闭合回路形成环流，且成旋涡状，故称为涡流。涡流的存在使铁芯发热，消耗能量，这种损耗称为涡流损耗。

通过理论推导可知，当变压器的铜损等于铁损时，变压器的效率最高，此时，变压器的负载率 β 与变压器的技术参数：空载损耗 P_0（铁损）和负载损耗 P_k（铜损）有如下关系：

$$\beta=(P_0/P_k)^{1/2}$$

表 9-2 是某厂家 10kV、SCB10 系列干式变压器最高效率时的负载率。

某厂家 10kV、SCB10 系列干式变压器最高效率时的负载率　　表 9-2

变压器型号	额定容量（kVA）	空载损耗（kW）	负载损耗（kW）	最高效率时的负载率
SCB10-500/10	500	1.150	4.515	50.5%
SCB10-630/10	630	1.320	5.800	47.7%
SCB10-800/10	800	1.510	6.920	46.7%
SCB10-1000/10	1000	1.790	8.080	47.1%
SCB10-1250/10	1250	2.080	9.550	45.7%

续表

变压器型号	额定容量（kVA）	空载损耗（kW）	负载损耗（kW）	最高效率时的负载率
SCB10-1600/10	1600	2.400	11.600	45.5%
SCB10-2000/10	2000	3.300	13.440	49.6%
SCB10-2500/10	2500	3.920	17.100	47.9%

表9-2可知，变压器的最高效率出现在负载为45%～51%之间。变压器在最高效率下长期运行应该说是最节能的，但这并不代表是最佳经济效益。

例如：某工程计算负荷为800kVA，选用1000kVA变压器，其负荷率为80%，从上表可知，变压器空载损耗 $P_0=1.790$kW，满载时负载损耗 $P_k=8.080$kW。当负载率为80%时，负载损耗 $P_k=(80\%)^2\times8.080=5.17$kW。若每天按10小时计，每天电耗为 $1.790\times24+5.17\times10=94.66$kW·h。

若选用1600kVA变压器，其负载率为50%，此时接近最高效率。每天电耗为 $2.400\times24+(50\%)^2\times11.600\times10=86.6$kW·h。

每月按30天计，1000kVA变压器比1600kVA变压器每月多耗电 $(94.66-86.6)\times30=241.8$kW·h，应该说，多耗电并不大。当在夜间，变压器负荷率会很低，同样不会在最高效率下运行。况且选择大容量的变压器其成本会更高。

另外，随着节能变压器的逐步推出，其空载损耗也会逐步降低，而负载损耗基本不变，根据公式 $\beta=(P_0/P_k)^{1/2}$ 可以看出，空载损耗越小，其最高效率时的负载率越低，那样变压器容量会更大。

鉴于以上情况，为追求经济效益按变压器最高效率来选择变压器容量，并不一定合算。《民用建筑电气设计规范》JGJ 16—2008中第4.3.2条规定：配电变压器的长期工作负载率不宜大于85%，这也是综合考虑各方面的因素而确定的。

5 变压器噪声问题

在有的变电室内，变压器运行时噪声过大，使人产生不适感。有关文献介绍，变压器的噪声是由变压器本体振动及冷却装置振动而产生的一种连续性噪声。变压器噪声的大小与变压器的容量、硅钢片材质及铁心磁通密度等因素有关。国内外的研究结果表明，变压器本体振动的根源在于硅钢片的磁致伸缩引起的铁心振动。

变压器的噪声是变压器极为重要的技术参数。变压器本体噪声的高低，也是衡量制造厂设计能力和生产水平的重要指标之一。因此，变压器本体噪声应控制在国家标准规定的限值之内。在国家机械行业标准《6kV～500kV 级电力变压器声级》JB/T 10088-2004 第 6.4 条规定：容量为 30kVA～6300kVA，电压等级为 6kV 和 10kV 级的干式电力变压器的声功率级应不超过表 9-3 的规定值。

容量为 30kVA～6300kVA，电压等级为 6kV 和 10kV 级的干式电力变压器的声功率级

表 9-3

<table>
<tr><th rowspan="2">等值容量 kVA</th><th>声功率级 L_{WASN}</th></tr>
<tr><th>自冷（AN）或密封自冷（GNAN）</th></tr>
<tr><td>30</td><td rowspan="3">63</td></tr>
<tr><td>50</td></tr>
<tr><td>63</td></tr>
<tr><td>80</td><td rowspan="2">65</td></tr>
<tr><td>100</td></tr>
<tr><td>125</td><td rowspan="2">66</td></tr>
<tr><td>160</td></tr>
<tr><td>200</td><td rowspan="2">67</td></tr>
<tr><td>250</td></tr>
<tr><td>315</td><td rowspan="2">69</td></tr>
<tr><td>400</td></tr>
<tr><td>500</td><td>70</td></tr>
<tr><td>630</td><td>71</td></tr>
<tr><td>800</td><td rowspan="2">72</td></tr>
<tr><td>1000</td></tr>
<tr><td>1250</td><td>74</td></tr>
<tr><td>1600</td><td>75</td></tr>
<tr><td>2000</td><td>77</td></tr>
<tr><td>2500</td><td rowspan="2">78</td></tr>
<tr><td>3150</td></tr>
<tr><td>4000</td><td rowspan="3">84</td></tr>
<tr><td>5000</td></tr>
<tr><td>6300</td></tr>
</table>

6 电容补偿问题

在低压配电系统中，为提高系统功率因数，一般采用电容器进行补偿。电容器的作用是向感性负荷提供无功电流。感性设备，如电机在运行中必须有无功励磁电流，这部分电流如果从电容器提供，就不需要从市电再提供，同时可以减少这部分电流在线路中的损耗。

电容器最理想的是装在感性负载处，这样可以减小输电导线的截面和线路损耗。例如荧光灯电路中通常用并联电容来提高功率因数。一般电气设计还在总电源处装设电容器进行集中补偿。集中补偿完全可以提高功率因数，但是功率因数低的负载线路上，将通过很大一部分无功电流，使该线路上线路损耗增加，同时导线截面也要比前者大。

如何计算并联电容器集中补偿容量？如果补偿前的最大有功负荷为 P（kW）时功率因数为 $\cos\varphi_1$，现要求经过补偿提高到 $\cos\varphi_2$，则每千瓦所需的无功补偿容量 $Q_c = P\left(\sqrt{1/\cos^2\varphi_1 - 1} - \sqrt{1/\cos^2\varphi_2 - 1}\right)$（kvar），代入不同的 $\cos\varphi_1$ 和 $\cos\varphi_2$，计算结果如表 9-4 所示。

无功补偿容量计算表（kvar/kW） 表 9-4

补偿前功率因数 $\cos\varphi_1$	补偿后功率因数 $\cos\varphi_2$			
	0.85	0.90	0.92	0.95
0.56	0.860	0.995	1.053	1.151
0.58	0.785	0.920	0.979	1.076
0.60	0.713	0.849	0.907	1.004
0.62	0.646	0.782	0.839	0.937
0.64	0.581	0.717	0.775	0.872
0.66	0.518	0.654	0.712	0.809
0.68	0.458	0.594	0.652	0.749
0.70	0.400	0.536	0.594	0.691
0.72	0.344	0.480	0.538	0.635
0.74	0.289	0.425	0.483	0.580
0.76	0.235	0.371	0.429	0.526
0.78	0.182	0.318	0.376	0.473

续表

补偿前功率因数 $\cos\varphi_1$	补偿后功率因数 $\cos\varphi_2$			
	0.85	0.90	0.92	0.95
0.80	0.130	0.266	0.324	0.421
0.82	0.078	0.214	0.272	0.369
0.84	0.026	0.162	0.220	0.317
0.86	—	0.109	0.167	0.264
0.88	—	0.056	0.114	0.211
0.90	—	—	0.058	0.155

通过查表（或计算）得到每千瓦有功负荷所需的无功补偿容量后，再乘以最大有功负荷 P（kW），便可得到需要增加的无功补偿总容量。例如：补偿前的功率因数 $\cos\varphi_1$ 为 0.78，补偿后的功率因数 $\cos\varphi_2$ 为 0.95，通过查上表可知，每千瓦无功补偿的容量为 0.473kvar。设变压器容量为 S，若变压器负载率为 80% 时，则有功功率为 $P=\cos\varphi_1\times 80\%\times S=0.78\times 80\%\times S=0.624S$，所以 $Q_c=0.473\times P=0.473\times 0.624S=0.295S$。同样的方法，基本可得出：当变压器负载率在 80%，补偿后的功率因数 $\cos\varphi_2$ 为 0.95 时，电容补偿容量约为变压器容量的 30%。因此，在计算变电所电容补偿容量时，一般可按变压器容量的 30% 进行估算。

7 火灾应急照明的分类、设置场所、转换时间、最少持续时间、最低照度问题

（1）火灾应急照明的分类

在电气照明工程中，经常遇到设置火灾应急照明的情况。《民用建筑电气设计规范》JGJ 16—2008 第 13.8.1 条规定：火灾应急照明应包括备用照明和疏散照明，其设置应符合下列规定：

①供消防作业及救援人员继续工作的场所，应设置备用照明；

②供人员疏散，并为消防人员撤离火灾现场的场所，应设置疏散指示标志灯和疏散通道照明。

（2）火灾应急照明的设置场所

《民用建筑电气设计规范》JGJ 16—2008 第 13.8.2 条规定：公共建筑的下列

部位应设置备用照明：

①消防控制室、自备电源室、配电室、消防水泵房、防烟及排烟机房、电话总机房以及在火灾时仍需要坚持工作的其他场所；

②通信机房、大中型电子计算机房、BAS 中央控制站、安全防范控制中心等重要技术用房；

③建筑高度超过 100m 的高层民用建筑的避难层及屋顶直升机停机坪。

第 13.8.3 条规定：公共建筑、居住建筑的下列部位，应设置疏散照明：

①公共建筑的疏散楼梯间、防烟楼梯间前室、疏散通道、消防电梯间及其前室、合用前室；

②高层公共建筑中的观众厅、展览厅、多功能厅、餐厅、宴会厅、会议厅、候车（机）厅、营业厅、办公大厅和避难层（间）等场所；

③建筑面积超过 $1500m^2$ 的展厅、营业厅及歌舞娱乐、放映游艺厅等场所；

④人员密集且面积超过 $300m^2$ 的地下建筑和面积超过 $200m^2$ 的演播厅等；

⑤高层居住建筑疏散楼梯间、长度超过 20m 的内走道、消防电梯间及其前室、合用前室；

⑥对于 1～5 款所述场所，除应设置疏散走道照明外，并应在各安全出口处和疏散走道，分别设置安全出口标志和疏散走道指示标志；但二类高层居住建筑的疏散楼梯间可不设疏散指示标志。

（3）火灾应急照明的转换时间

关于应急照明的切换时间，《民用建筑电气设计规范》JGJ 16—2008 规定：备用照明不应大于 5s，金融商业交易场所不应大于 1.5s。疏散照明不应大于 5s。

从以上的规定可以看出：备用照明和疏散照明均不能采用应急柴油发电机组作应急电源，因为对柴油发电机组的要求是：当市电中断时，机组应在 30s 内供电。启动时间远大于 5s 和 1.5s 的要求。因此，只能采用 EPS（应急电源）作为电源，或采用带蓄电池的应急照明灯。

（4）火灾应急照明的最少持续供电时间及最低照度

关于火灾应急照明的最少持续供电时间及最低照度，《民用建筑电气设计规范》JGJ 16—2008 第 13.8.6 条规定如表 9-5 所示：

火灾应急照明最少持续供电时间及最低照度 **表 9-5**

区域类别	场所举例	最少持续供电时间（min）		照度（lx）	
		备用照明	疏散照明	备用照明	疏散照明
一般平面疏散区域	第 13.8.3 条 1 款所述场所	—	≥30	—	≥0.5
竖向疏散区域	疏散楼梯	—	≥30	—	≥5

续表

区域类别	场所举例	最少持续供电时间（min）		照度（lx）	
		备用照明	疏散照明	备用照明	疏散照明
人员密集流动疏散区域及地下疏散区域	第13.8.3条2款所述场所	—	≥30	—	≥5
航空疏散场所	屋顶消防救护用直升机停机坪	≥60	—	不低于正常照明照度	—
避难疏散区域	避难层	≥60	—	不低于正常照明照度	—
消防工作区域	消防控制室、电话总机房	≥180	—	不低于正常照明照度	—
	配电室、发电站	≥180	—	不低于正常照明照度	—
	水泵房、风机房	≥180	—	不低于正常照明照度	—

从表9-5可以看出，一些重要场所如：配电室、消防控制室等场所要求的备用照明持续供电时间多达180min（3h），而备用照明要求转换时间不大于5s。《消防应急照明和疏散指示系统》GB 17945-2010的第6.3.1.2条规定：系统的应急工作时间不应小于90min，且不小于灯具本身标称的应急工作时间。所以消防应急照明和疏散指示系统90min的应急工作时间不能满足一些重要场所备用照明的要求。要满足其要求，目前看只能采用EPS进行供电了。

8 双回路母线槽互为备用应注意的问题

在高层建筑供电方案中常采用双母线作为供电干线，两回路母线槽每层都设有插接口，每层插接箱交互插接在不同回路母线槽上，如图9-3所示。

这种方案的特点是：假如一个回路出现问题，插接箱可插入另一回路母线槽的插接口中，可以保证系统及时恢复供电。应该说这样的设计理念还是很好的，但在实际工程中往往达不到设计“互为备用”的初衷。问题出在：正常情况下，自插接箱引至楼层配电箱（或配电柜）的线路已固定死无法移动（或没有预留备用长度），当此回路母线事故情况下，不能将插接箱插至另一回路母线上。要达到设计“互为备用”的初衷，在安装中应注意几个方面：

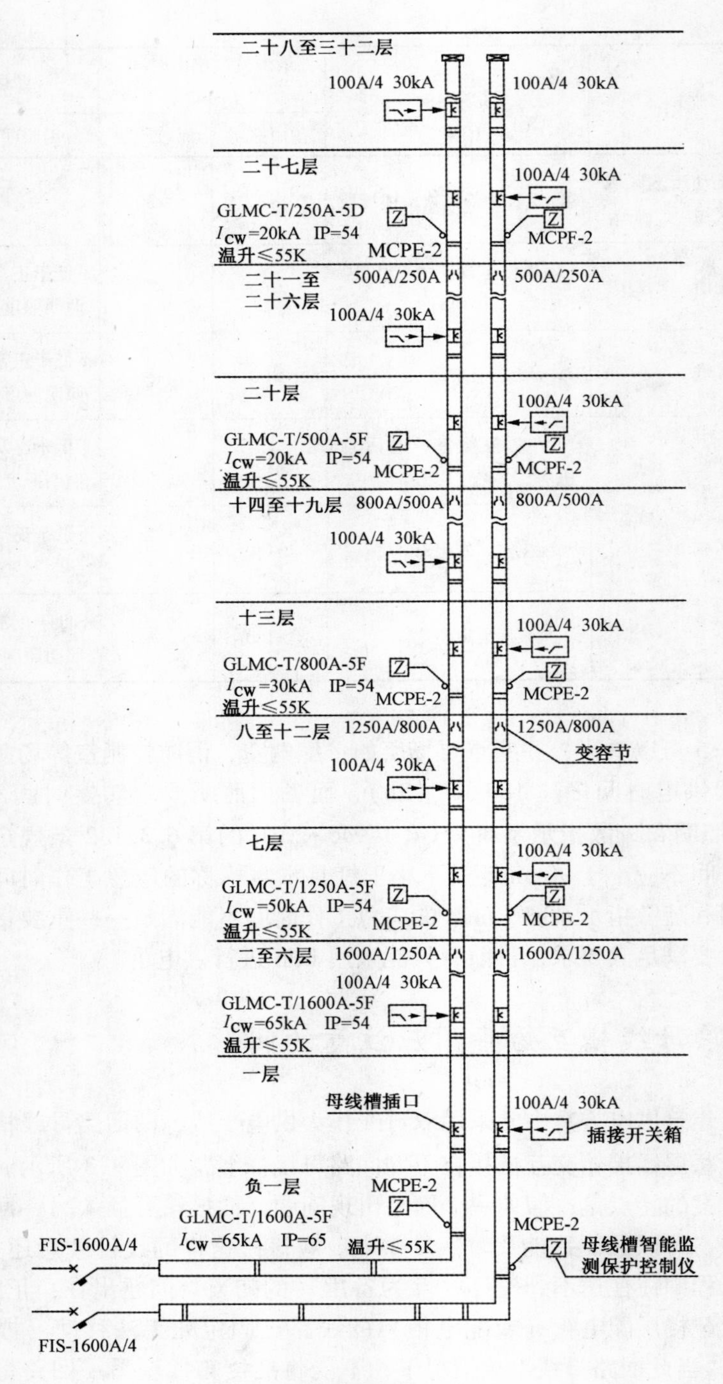

图 9-3 双母线供电示意图

（1）自插接箱引至楼层配电箱的管线应采用柔性连接。这样当需要移动插接箱时，才能达到移动的目的。如采用刚性连接，无论是采用刚性导管还是线槽，都不能达到移动的目的。

（2）采用的柔性连接应留有余量。这样当需要移动时，才能移动到相应位置。

9 母线槽变容问题

结合图9-3，简单讨论一下母线变容问题。从图中可以看出，两条母线槽经过了几次变容：1600A→1250A→800A→500A→250A。这种设计在实践中应用的还是比较少，通常母线槽均是从底到顶，不变容。母线槽变容从理论上来讲是可以的，因为竖井内母线槽越往上所带负荷越小，如果母线槽不变容，上面的母线槽将会有较大余量，造成一定的浪费。但采用变容母线槽，也可能带来一定的问题，当上面的母线槽，甚至末端母线发生短路事故时，由于距离较远，母线槽截面积又相对较小，造成短路电流相对较小，致使装设在母线槽首端的保护电器可能不能迅速切断电源，使短路事故的影响进一步扩大。因此，采用变容母线槽时应慎重，必须通过计算，即使末端发生短路等事故，其首端的保护电器也应迅速起到保护作用。

10 EPS容量选择与所带负荷容量的关系问题

（1）EPS工作原理

EPS（Emergency Power Supply）电源又称应急电源装置，是在重要建筑物中为了电力保障和消防安全而采用的一种应急电源。EPS是以解决应急照明、消防设施等一级负荷供电设备为主要目标，提供一种符合消防规范的具有独立回路的应急供电系统。

EPS的基本工作原理为：在市电正常时，市电通过EPS旁路直接供给负载并对电池进行充电，当市电断电时，EPS切换到蓄电池逆变供电给负载。其基本原理图如图9-4所示：

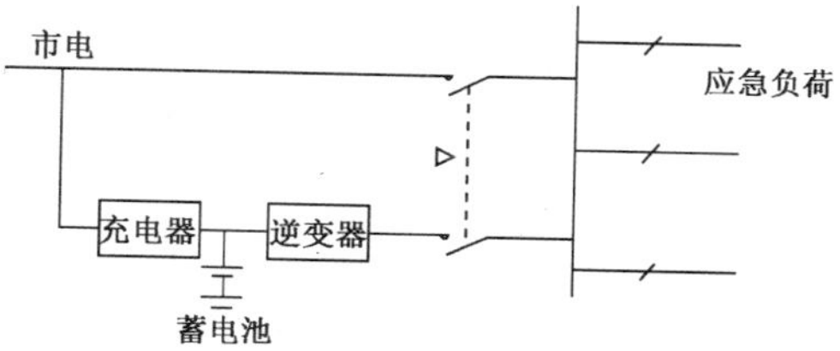

图9-4 EPS系统原理图

（2）EPS供电时间

当利用EPS给应急照明、消防设备供电时，在火灾发生期间应满足应急照明、消防设备最少持续供电时间，按《民用建筑电气设计规范》JGJ 16—2008规定，最少供电时间如表9-6所示：

消防用电设备在火灾发生期间的最少持续供电时间　表 9-6

消防用电设备名称	持续供电时间（min）
火灾自动报警装置	≥10
人工报警器	≥10
各种确认、通报手段	≥10
消火栓、消防泵及水幕泵	>180
自动喷水系统	>60
水喷雾和泡沫灭火系统	>30
防、排烟设备	>180
火灾应急广播	≥20
火灾疏散标志照明	≥30
火灾时继续工作的备用照明	≥180
避难层备用照明	>60
消防电梯	>180

(3) EPS 容量选择

关于 EPS 容量选择与所带负荷容量的关系可按下列原则进行考虑：

①EPS 带电动机负荷时，因电动机的启动冲击，与其配用的 EPS 容量按以下容量选配：

a. 电动机变频启动时，EPS 容量可按电动机容量 1.2 倍选配；

b. 电动机软启动时，EPS 容量应不小于电动机容量的 2.5 倍；

c. 电动机 Y-Δ 启动时，EPS 容量应不小于电动机容量的 3 倍；

d. 电动机直接启动时，EPS 容量应不小于电动机容量的 5 倍；

②EPS 带应急照明负载时，EPS 容量不应小于应急照明负荷总容量的 1.3 倍。

当负载为金属卤化物灯或金属钠灯时，EPS 容量计算方法：EPS 容量 = 金属卤化物灯或金属钠灯功率和 ×2.5 倍。而且需要选用切换时间小于 3ms 的 EPS 产品。这是因为：如果对高压气体灯的供电中断时间超过 3ms 时，就有可能致使气体灯中的放电电弧熄灭或中断。一旦发生放电电弧中断现象，即使马上恢复供电也可能导致长达数分钟的灯具熄灭现象发生。这因为它需要足够长时间来重新预热高压气体灯中灯丝的缘故。显然，对于大型体育馆和演出场地的照明系统来说，是不允许出现这种故障的。

顺便说一下，EPS 属于“CCC”认证范围，应有认证证书。

中国国家强制性产品认证证书

CERTIFICATE FOR CHINA COMPULSORY PRODUCT CERTIFICATION

证书编号/Number: 2011081801000290

申请人名称:

(所在地:

制造商:

商标: /

生产企业名称:

(所在地:

产品名称和规格型号：FEPS-BK33-22-kVA 型 消防设备应急电源

产品标准和技术要求：GB16806-2006, GB/T19001-2008

上述产品符合强制性产品认证规则 CNCA-09C-044: 2001 的要求，特发此证。

证书有效期：2011 年 05 月 05 日 至 2016 年 05 月 04 日

年度确认

Annual Confirmation

Name of the Applicant: Baykee Power Equipments.Co.LTD

(Address:No. 119 zhangchayilu,chancheng District,528051 foshan, China)

Manufacturer: (H000429)

Trade mark: /

Name of the Factory: Baykee Power Equipments.Co.LTD

(Address: No. 119 zhangchayilu,chancheng District,528051 foshan, China)

Name, Model of the Product: FEPS-BK33-22-kVAFire equipments emergency power source

The Standards and Technical Requirements for the Products: GB16806-2006,GB/T19001-2008

This is to certify that the above mentioned products have qualified for the requirements specified in CNCA-09C-044:2001

Period of Validity: from 05 May 2011 to 04 May 2016

本证书的相关信息可通过国家认监委网站 www.cnca.gov.cn 和

中国消防产品信息网站 www.cccf.com.cn 查询

CCC F CNAS

产品认证

CNAS C073-P

发证机构名称（盖章）

A 0013873

图 9-5 EPS“CCC”认证证书

11 弱电机房及相关场所防静电措施问题

（1）静电的危害

在弱电系统中，特别是弱电机房中设有大量的电子设备，大规模、超大规模集成电路应用于各类整机，如：计算机主机及终端设备、程控电话交换设备、移动通信设备、卫星通信设备、数据传输设备、自动控制设备等。因使用的微电子元器件高密度、大容量、小型化，其对静电特别敏感。静电放电可产生如下危害：可使敏感器件造成击穿或半击穿、计算机误动作或运算错误、使交换设备出现故障引起通讯杂音或中断、使接收设备图像不清、使自动控制设备失控等。

（2）静电故障的特点

①静电故障与环境湿度有关。当机房环境湿度低于40%的情况下，更易产生静电并造成危害，通常出现在冬、春较干燥的季节。

②静电引起的故障偶发性多，重复性不强，一般是随机性故障，因此，难于找出其诱发原因。

③静电的产生与采用的装饰材料（如地板）、终端设备的工作台及工作人员的服装、鞋有关。

④静电致使计算机误动作时，往往是由于人体或其他绝缘体与计算机设备接触时发生的。

⑤静电使交换设备出现故障主要是由于清洁检修时人体步行带电，用手触摸设备放电将电路板损伤的。

⑥静电力学作用是灰尘粘附，污染电子设备，使产品质量下降，设备使用寿命降低。

（3）防静电措施

①正确选用防静电地面材料

一个较好的防静电环境，地面显得特别重要。选择时要考虑防静电地板的系统阻值上下限，确保系统阻值在体积电阻率 $1.0\times10^{7}\sim1.0\times10^{10}\Omega\cdot cm$ 范围内，既要有导静电性能，又要保证操作人员的安全。在施工前应测量地板材料的表面电阻和体积电阻，在施工完成后和使用阶段，也需定期观测。

②正确选用内装修材料

凡有要求静电防护的机房，装修材料应是防静电的。内墙和顶棚表面应使用防静电防火墙板或喷涂环氧涂料，该涂料具有耐老化、防火、防水性能，表面电阻在 $1.0\times10^{7}\sim1.0\times10^{10}\Omega\cdot cm$ 范围内。送风管道和送风口应使用导电三聚氰胺材料，避免空气流动时产生静电积聚。

③机房家具应选用不易或不会产生静电的材料制作，窗帘布应使用防静电的阻燃织物制作。

④工作人员的着装（包括衣服、鞋子）：衣服应选用不产生静电的衣料制作，鞋子应选用低阻值的材料制作。

⑤设置良好的静电接地系统

设置良好的静电接地系统的目的是加快静电泄漏和导流，使静电电荷得以顺利泄出和迅速导走，以免静电积聚。防静电地板的支架、桁梁及所有对地绝缘的孤立导体均应与静电接地网络可靠连接。

⑥环境湿度

环境的湿度和产生静电的关系极为密切。如在冬、春干燥季节，是静电产生的高峰期，应按国标规定将温度控制在18℃～28℃范围内，湿度控制在40%～

70%范围内。通过空调系统保证机房内湿度满足要求，控制湿度是防止静电产生的重要手段。

（4）某场所出现静电“打人”现象实例及分析

①静电“打人”现象

某银行营业网点，自完工后直到2012年6月经常出现人触碰金属门、垭口被“电击”的现象。人被“电击”现象出现后，对相关的电气线路进行了检查，未发现线路绝缘受损的情况。

该营业网点一层为营业厅，二层为贵宾室及贵宾休息室。一层地面铺设地砖，二层地面铺设强化复合木地板。一层通往二层的楼梯铺设的也为地砖。一层、二层门框、垭口均为拉丝不锈钢。人员自地板上走动，触碰到金属门框或垭口均出现“打电”现象。现场试验：人站在贵宾休息室内，手拿电笔触碰在金属门框上，开始电笔氖泡发亮，后马上消失。人脚与强化复合木地板摩擦，电笔氖泡持续发亮，停止摩擦后，一会儿后电笔氖泡不亮。人站在贵宾休息室外，手拿电笔触碰在金属门框上，电笔氖泡不亮。人脚与地砖摩擦，电笔氖泡也发亮，但亮度比较低。

②原因分析

六月份房间内湿度在正常范围之内，因此相对湿度过低的原因可以排除。人在地砖上正常走动，触碰金属门框或垭口，没有出现“打电”现象。而只有人在强化复合木地板上正常走动时，触碰金属门框或垭口才出现“打电现象”。因此，最大的可能性是由于强化复合木地板造成的。人正常走动时，鞋与强化复合木地板摩擦，产生了静电，静电在人体上大量积聚，在触碰金属门或垭口时进行了释放，所以出现了“打人”现象。经过进一步调查，发现施工单位用在本工程的强化复合木地板，不是该银行多个营业网使用的品牌，只是外表颜色基本一致，而以前铺设的强化复合木地板的场所没有出现如此强烈、频繁的“打人”现象。

③可能采取的处理措施

a. 安装静电消除器

静电消除器的作用是利用空气电离产生大量正负电荷，并用风机将正负电荷吹出。形成一股正负电荷的气流，将物体表面所带的电荷中和掉。当物体表面所带为负电荷时，它会吸引气流中的正电荷，当物体表面所带为正电荷时，它会吸引气流中的负电荷，从而使物体表面上的静电被中和，达到消除静电的目的。

b. 喷涂静电消除液（静电消除剂）

将静电消除液喷涂在地板表面，形成极薄的透明膜，可提供持久高效的静电耗散功能，能有效消除摩擦产生的静电积聚，防止静电干扰及灰尘粘附现象。

c. 经常使用湿布拖地，可以起到一定的作用。

d. 更换符合要求的强化复合木地板。

注：后有消息反馈，最后确认施工单位采购的强化复合木地板是劣质产品，是引起如此强静电的“元凶”。

12　TN 系统给手持式和移动式设备供电的线路所安装 RCD 的动作时间是否可以大于 0.1s 的问题

《低压配电设计规范》GB 50054—2011 的第 5.2.9 条规定：TN 系统中配电线路的间接接触防护电器切断故障回路的时间，应符合下列规定：

①配电线路或仅供给固定式设备用电的末端线路，不宜大于 5s；

②供给手持式电气设备和移动式电气设备用电的末端线路或插座回路，TN 系统的最长切断时间不应大于表 9-7 的规定。

TN 系统的最长切断时间　表 9-7

相导体对地标称电压（V）	切断时间（s）
220	0.4
380	0.2
>380	0.1

在其条文说明中解释：手持式和移动式电气设备因经常挪动，较易发生接地故障。当发生接地故障时，人的手掌肌肉对电流的反应是不由意志地紧握不放，不能摆脱带故障电压的设备而使人体持续承受接触电压。为此，依据 IEC 标准的相应规定，作了切断供给手持式电气设备和移动式电气设备的末端线路或插座回路的时间规定。

从条文及条文说明可以明确看出，TN 系统在接地故障情况下，规定最长切断时间是为了避免人身受到电击致死的伤害。也就是说只要满足相应最长切断时间的要求，人就不会被电击致死。以 220V 电压为例，接地故障情况下最长切断时间应≤0.4s。

当电压为 220V 手持式和移动式电气设备发生接地故障时，有关文献介绍人体预期接触电压 U_t 约为 88V，为使人体免遭电击伤害，其防护电气切断电源的时间不应超过图 9-6 曲线 L1 和曲线 L2 的时间值。干燥环境条件下（曲线 L1），88V 所对应的时间为 0.45s，为提高安全性，故取值为 0.4s。

当电压为 380V 手持式和移动式电气设备发生接地故障时，人体预期接触电压 U_t 约为 152V。干燥环境条件下（曲线 L1），152V 所对应的时间约为 0.28s，为提高安全性，故取值为 0.2s。

当电压为大于 380V 手持式和移动式电气设备发生接地故障时，统一规定为不大于 0.1s。

现电气设计一般给手持式和移动式电气设备供电的回路，无论电压为220V或380V均安装RCD，且要求动作电流≤30mA，动作时间≤0.1s。由上面的介绍可知，当电压为220V或380V时，RCD动作时间只要小于0.4s或0.2s即符合规范要求。

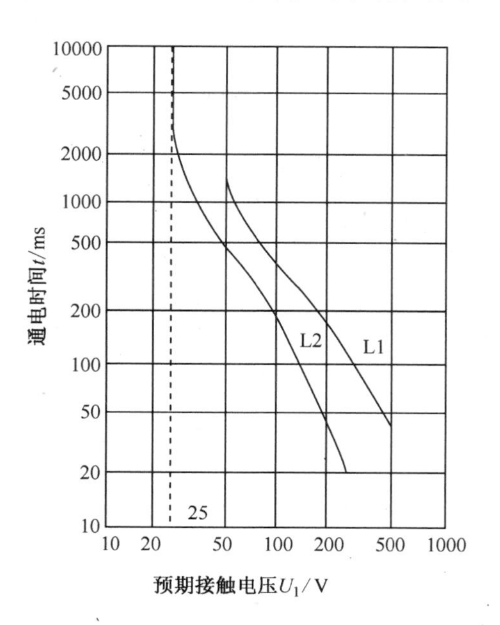

图9-6 干燥和潮湿条件下预期接触电压U_t和允许最大持续通电时间t间的关系曲线

当给手持式和移动式电气设备供电的回路设置动作电流为30mA的RCD时，从图9-7可看出，动作时间超过0.1s或更长时间人体没有被电击致死的危险。当然，作为人身遭受意外电击的后备保护措施，其快速动作是重要的，问题是是否有必要比规范允许值提高很多，以至于很多人理解成动作时间超过0.1s是绝对不允许的。

通过以上情况，笔者认为给手持式和移动式设备供电的线路所安装RCD的动作时间是可以大于0.1s，但考虑到人身遭电击时通过人体的电流大小的不确定性，同时考虑RCD制造水平的可靠性，并结合实际工程的应用情况，RCD的动作时间不大于0.1s是可行的。

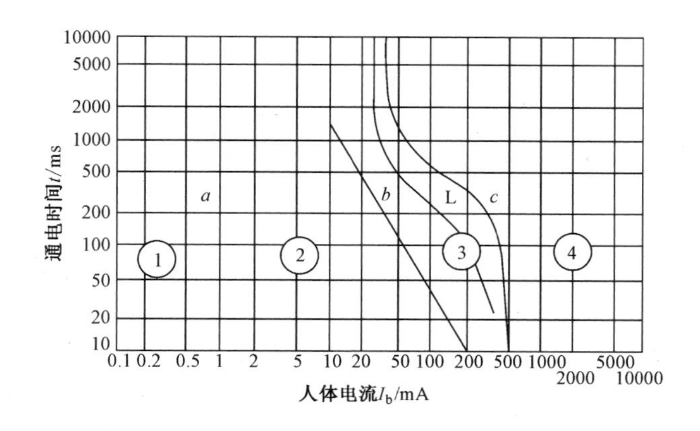

图9-7 交流电通过人体时的效应

13　耐火极限与耐火等级问题

《低压配电设计规范》GB 50054—2011 的相关条文中多次提到“耐火极限”和“耐火等级”，笔者认为有的地方可能是混淆了。

在《高层民用建筑设计防火规范》GB 50045—1995（2005 年版）术语中，对“耐火极限”是这样规定的：在标准耐火试验条件下，建筑构件、配件或结构从受到火的作用时起，到失去稳定性、完整性或隔热性时止的这段时间，用小时表示。

而“耐火等级”没有规范的术语，在《高层民用建筑设计防火规范》GB 50045—1995（2005 年版）中把高层民用建筑耐火等级分为一、二级；在《建筑设计防火规范》GB 50016—2006 中把民用建筑耐火等级分为一、二、三、四级。

由此可以看出，“耐火极限”针对建筑构配件或结构而言，用小时进行表示。而“耐火等级”针对建筑物本身而言，用一、二（或一、二、三、四）级来表示。因此，笔者认为将本规范的下列条文按括号内内容进行调整更为准确。

（1）电缆敷设的防火封堵，应符合下列规定：

①布线系统通过地板、墙壁、屋顶、天花板、隔墙等建筑构件时，其孔隙应按同建筑构件耐火等级（耐火极限）的规定封堵；

②电缆防火封堵的材料，应按耐火等级（耐火极限）要求，采用防火胶泥、耐火隔板、填料阻火包或防火帽。

（2）电气竖井的井壁应采用耐火极限不低于 1h 的非燃烧体。电气竖井在每层应设维护检修门并应开向公共走廊，检修门的耐火极限不应低于丙级（丙级改为0.6h）。

14　如何界定可燃物问题

《低压配电设计规范》GB 50054—2011 第 7.2.8 条规定：在建筑物闷顶内有可燃物时，应采用金属导管、金属槽盒布线。但是条文中的“可燃物”如何界定呢？规范条文说明中也没有进行解释。

按《建筑材料燃烧性能分级方法》GB 8624-1997 将建筑材料分为两大类：不燃类材料（A 级）和可燃类材料（B 级）。可燃类材料（B 级）又分为难燃材料（B_1 级）、可燃材料（B_2 级）、易燃材料（B_3），具体如表 9-8 所示。

如果新《低压配电设计规范》编写组是按《建筑材料燃烧性能分级方法》GB 8624-1997 界定“可燃物”的，那么是将 B 级材料（可燃类材料）全部认为是“可燃物”？还是只将 B_2 和 B_3 级材料认为是“可燃物”？笔者认为这个问题非常需要明确，因为它直接涉及绝缘导管的应用，在闷顶内空调专业的风管、水管的橡塑保温材料燃烧性能可以达到 B_1 级，其是否应该认定为不是“可燃物”？

建筑材料燃烧性能的级别和名称　　表 9-8

级　别	名　称	级　别	名　称
A	不燃材料	B_2	可燃材料
B_1	难燃材料	B_3	易燃材料

另外，按以上《建筑材料燃烧性能分级方法》GB 8624-1997 将建筑材料进行分类，是专业技术人员非常熟悉的分类方法。但该标准已经废止，由 2007 年 3 月 1 日实施的《建筑材料及制品燃烧性能分级》GB 8624-2006 所代替，新标准将建筑材料燃烧性能分为 A1、A2、B、C、D、E、F 七个等级，分类非常复杂，按新标准界定“可燃物”难度会更大。

好在公安部消防局于 2007 年 5 月 21 日发布了“关于实施国家标准《建筑材料及制品燃烧性能分级》GB 8624-2006 若干问题的通知（公消［2007］182 号）”。该通知做出了如下规定：“现行国家标准《建筑内部装修设计防火规范》GB 50222、《高层民用建筑设计防火规范》GB 50045、《建筑设计防火规范》GB 50016 等关于材料燃烧性能的规定与 GB 8624-1997 的分级方法相对应，在目前这些规范尚未完成相关修订的情况下，为保证现行规范和 GB 8624-2006 的顺利实施，各地可暂参照以下分级对比关系，规范修订后，按规范的相关规定执行：

（1）按 GB 8624—2006 检验判断为 A1 级和 A2 级的，对应于相关规范和 GB 8624—1997 的 A 级；

（2）按 GB 8624—2006 检验判断为 B 级和 C 级的，对应于相关规范和 GB 8624—1997 的 B_1 级；

（3）按 GB 8624—2006 检验判断为 D 级和 E 级的，对应于相关规范和 GB 8624—1997 的 B_2 级”。

基于以上情况，笔者认为新规定应将“可燃物”界定清楚，以便在设计、施工中更准确地执行规范。

15　高压电缆分界小室预留配电箱等条件问题

一般公共建筑，如写字楼、宾馆等在建筑物高压进线处均需要设置高压电缆分界小室，此电缆分界小室的产权及管理通常归当地供电管理部门。有的工程电气设计，不了解当地供电管理部门的规定，没有按照规定对高压电缆分界小室进行专项电气设计，而只是将其按照一个普通场所进行设计，以至于在工程发电前不能够通过供电管理部门对高压电缆分界小室的专项验收，不得不进行相应的改造工作。

供电管理部门（以北京为例）对高压电缆分界小室的电气通常有以下几方面的要求：

（1）在分界小室设置专用的配电箱，且采用双电源供电；

（2）分界小室的照明、插座由专用配电箱供电；夹层的照明需采用低压供电；

（3）分界小室需设置排风装置，且在小室可以对其进行控制。

图 9-8 为某项目高压电缆分界小室专用配电箱系统图。

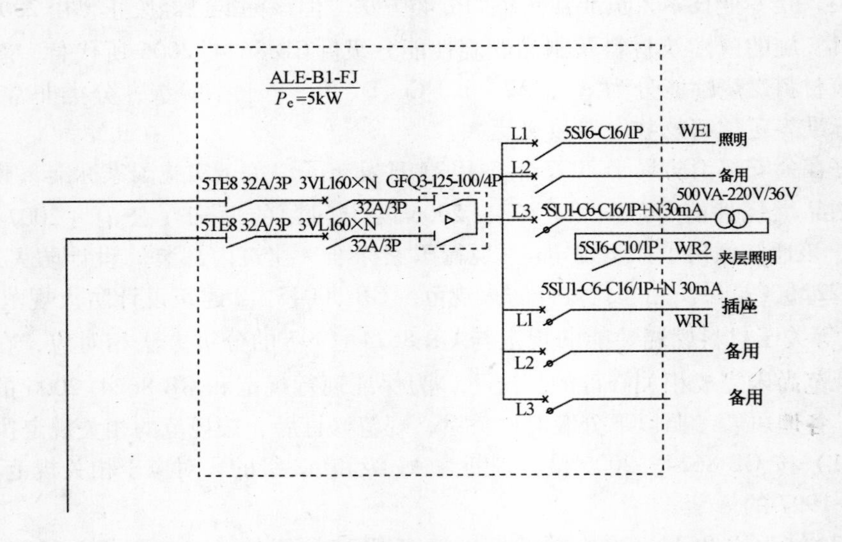

图 9-8　某项目高压电缆分界小室专用配电箱系统图

参 考 文 献

[1] 营口鑫源金属套管有限公司 . JG/T 3053 - 1998 可挠金属电线保护套管 [S] . 北京：中国标准出版社，1998.

[2] 电力工业部电力建设研究所 . CECS 87: 96 可挠金属电线保护管配线工程技术规范 [S] . 北京：中国标准出版社，1996.

[3] 中国建筑科学研究院等 . JG 3050 - 1998 建筑用绝缘电工套管及配件 [S] . 北京：中国标准出版社，1999.

[4] 中国工程建设标准化协会电气专业委员会 . CECS 120: 2007 套接紧定式钢导管电线管路施工及验收规程 [S] . 北京：中国计划出版社，2007.

[5] 中国工程建设标准化协会电气工程委员会配电网分委员会 . CECS 100: 98 套接扣压式薄壁钢导管电线管路施工及验收规程 [S] . 北京：中国标准出版社，1998.

[6] 锦西钢管有限公司，等 . GB/T 3091 - 2008 低压流体输送用焊接钢管 [S] . 北京：中国标准出版社，2008.

[7] 广州电器科学研究院等 . GB/T 20041. 1 - 2005/IEC 61386 - 1: 1996 电气安装用导管系统 第 1 部分：通用要求 [S] . 北京：中国标准出版社，2005.

[8] 中国电器科学研究院等 . GB 20041. 21 - 2008/IEC 61386 - 21: 2002 电缆管理用导管系统 第 21 部分：刚性导管系统的特殊要求 [S] . 北京：中国标准出版社，2008.

[9] 中国电器科学研究院等 . GB 20041. 22 - 2009/IEC 61386 - 22: 2002 电缆管理用导管系统 第 22 部分：可弯曲导管系统的特殊要求 [S] . 北京：中国标准出版社，2009.

[10] 中国电器科学研究院等 . GB 20041. 23 - 2009/IEC 61386 - 23: 2002 电缆管理用导管系统 第 23 部分：柔性导管系统的特殊要求 [S] . 北京：中国标准出版社，2009.

[11] 中国电器科学研究院等 . GB 20041. 24 - 2009/IEC 61386 - 24: 2004 电缆管理用导管系统 第 24 部分：埋入地下的导管系统的特殊要求 [S] . 北京：中国标准出版社，2009.

[12] 广州日用电器研究所 . GB/T 13381. 1 - 92 电气安装用导管的技术要求 通用要求 [S] . 北京：中国标准出版社，1993.

[13] 广州日用电器研究所 . GB/T 14823. 1 - 93 电气安装用导管 特殊要求——金属导管 [S] . 北京：中国标准出版社，1993.

[14] 广州日用电器研究所 . GB/T 14823. 2 - 93 电气安装用导管 特殊要求——刚性绝缘材料平导管 [S] . 北京：中国标准出版社，1993.

[15] 中国电器科学研究院等 . GB/T 14823. 4 - 93 电气安装用导管 特殊要求——可弯曲自恢复绝缘材料导管 [S] . 北京：中国标准出版社，1993.

[16] 浙江省开元安装集团有限公司等 . GB 50303 - 2002 建筑电气工程施工质量验收规范 [S] . 北京：中国计划出版社，2002.

[17] 北京市建筑设计标准化办公室 . 09 BD1 建筑电气通用图集电气常用图形符号与技术资料 [S] . 北京：中国建筑工业出版社，2009.

[18] 浙江省工业设备安装集团有限公司等 . GB 50575-2010 1kV 及以下配线工程施工与验收规范 [S] . 北京：中国计划出版社，2010.

[19] 公安部四川消防科学研究所 . GB 8624-1997 建筑材料燃烧性能分级方法 [S] . 北京：中国标准出版社，1997.

[20] 公安部四川消防研究所 . GB 8624-2006 建筑材料及制品燃烧性能分级 [S] . 北京：中国标准出版社，2007.

[21] 北京城建科技促进会等 . DBJ/T 01-26-2003 建筑安装分项工程施工工艺规程（第七分册）[S] . 北京：中国市场出版社，2003.

[22] 国网北京电力建设研究院等 . GB 50150-2006 电气装置安装工程电气设备交接试验标准 [S] . 北京：中国计划出版社，2006.

[23] 天津电气传动设计研究所等 . GB 7251.1-2005/IEC 60364-1:1999 低压成套开关设备和控制设备　第 1 部分：型式试验和部分型式试验成套设备 [S] . 北京：中国标准出版社，2006.

[24] 能源部电力建设研究所等 . GB 50168-92 电气装置安装工程电缆线路施工及验收规范 [S] . 北京：中国计划出版社，1993.

[25] 国网北京电力建设研究院 . GB 50168-2006 电气装置安装工程电缆线路施工及验收规范 [S] . 北京：中国计划出版社，2006.

[26] 电力工业部电力建设研究所等 . GB 50258-96 电气装置安装工程 1kV 及以下配线工程施工及验收规范 [S] . 北京：中国计划出版社，1996.

[27] 江苏海达管件有限公司等 . GB/T 14383-2008 锻制承插焊和螺纹管件 [S] . 北京：中国标准出版社，2008.

[28] 中国建筑设计研究院等 . GB 50038-2005 人民防空地下室设计规范 [S] . 北京：中国计划出版社，2005.

[29] 辽宁省人防建筑设计研究院等 . GB 50134-2004 人民防空工程施工及验收规范 [S] . 北京：中国计划出版社，2004.

[30] 北京市建筑设计研究院. 07FD02 防空地下室电气设备安装 [S] . 北京，2007.

[31] 上海电缆研究所，起草 . GB/T 16895.15-2002 idt IEC 60364-5-523:1999 建筑物电气装置　第 5 部分：电气设备的选择和安装　第 523 节：布线系统载流量 [S] . 北京：中国标准出版社，2002.

[32] 中国建筑装饰协会 . GB 50327-2001 住宅装饰装修工程施工规范 [S] . 北京：中国建筑工业出版社，2002.

[33] 中国移动通信集团设计院有限公司等 . GB 50312-2007 综合布线系统工程验收规范 [S] . 北京：中国计划出版社，2007.

[34] 中机中电设计研究院 . GB/T 16895.10-2010/IEC 60364-4-44:2007 低压电气装置　第 4-44 部分：安全防护电压骚扰和电磁骚扰防护 [S] . 北京：中国标准出版社，2011.

[35] 上海电缆研究所等 . GB/T 19666-2005 阻燃和耐火电线电缆通则 [S] . 北京：中国标准出版社，2005.

[36] 中国建筑科学研究院等 . GB 50411-2007 建筑节能工程施工质量验收规范 [S] . 北京：

中国建筑工业出版社，2007.
[37] 上海电缆研究所等 . GB/T 3956-2008 电缆的导体［S］. 北京：中国标准出版社，2009.
天津电气传动设计研究所等 . JB/T 10216-2000 电控配电用电缆桥架［S］. 北京，2000.
[38] 中国工程建设标准化协会电气专业委员会 . CECS 31: 2006 钢制电缆桥架工程设计规范［S］. 北京：中国计划出版社，2006.
[39] 宝山钢铁股份有限公司等 . GB/T 2518-2008 连续热镀锌钢板及钢带［S］. 北京：中国标准出版社，2009.
[40] 公安部天津消防科学研究所等 . GA 479-2004 耐火电缆槽盒［S］. 北京：2004.
[41] 公安部四川消防科学研究所 . GB 50045-95（2005 年版）高层民用建筑设计防火规范［S］. 北京：中国计划出版社，2005.
[42] 上海电缆研究所等 . GB/T 5585. 1-2005 电工用铜、铝及其合金母线　第 1 部分：铜和铜合金母线［S］. 北京：中国标准出版社，2006.
[43] 四川电器股份有限公司等 . JB/T 5877-2002 低压固定封闭式成套开关设备［S］. 北京：机械工业出版社，2002.
[44] 沈阳建筑大学 . JGJ 46-2005 施工现场临时用电安全技术规范［S］. 北京：中国建筑工业出版社，2005.
[45] 中国建筑标准设计研究院等 . 05D702-4 用户终端箱［S］. 北京，2005.
[46] 天津电气传动设计研究所等 . GB/T 20641-2006/IEC 62208: 2002 低压成套开关设备和控制设备　空壳体的一般要求［S］. 北京：中国标准出版社，2006.
[47] 天津电气传动设计研究所等 . GB 7251. 2-2006 低压成套开关设备和控制设备　第二部分：对母线干线系统（母线槽）的特殊要求［S］. 北京：中国标准出版社，2006.
[48] 桂林电器科学研究所 . GB 11021-89 电气绝缘的耐热性评定和分级［S］. 北京：中国标准出版社，1989.
[49] 桂林电器科学研究所 . GB 11021-2007 电气绝缘　耐热性分级［S］. 北京：中国标准出版社，2008.
[50] 公安部四川消防研究所 . GB 12441-2005 饰面型防火涂料［S］. 北京：中国标准出版社，2006.
[51] 中国工程建设标准化协会电气专业委员会，主编 . CECS 170: 2004 低压母线槽选用、安装及验收规程［S］. 北京：中国计划出版社，2004.
[52] 上海电缆研究所等 . GB 5023. 1-2008 额定电压 450/750V 及以下聚氯乙烯绝缘电缆　第 1 部分：一般要求［S］. 北京：中国标准出版社，2009.
[53] 机械工业北京电工技术经济研究所 . GB 4028-2008 外壳防护等级（IP 代码）［S］. 北京：中国标准出版社，2009.
[54] 上海电缆研究所等 . GB/T 12706. 1-2008 额定电压 1kV（U_m = 1. 2kV）到 35kV（U_m = 40. 5kV）挤包绝缘电力电缆及附件　第 1 部分：额定电压 1kV（U_m = 1. 2kV）到 3kV（U_m = 3. 6kV）电缆［S］. 北京：中国标准出版社，2008.
[55] 国网北京电力建设研究院等 . GB 50168-2006 电气装置安装工程电缆线路施工及验收规范［S］. 北京：中国计划出版社，2006.

[56] 浙江阳光集团股份有限公司等. GB 7000.1-2007 灯具　第1部分：一般要求与试验［S］. 北京：中国标准出版社，2007.

[57] 宁波建工股份有限公司 GB 50617-2010 建筑电气照明装置施工与验收规范［S］. 北京：中国计划出版社，2011.

[58] 中机中电设计研究院有限公司. GB 50054-2010 低压配电设计规范［S］. 北京：中国计划出版社，2012.

[59] 公安部消防科学研究所. GB 50116-98 火灾自动报警系统设计规范［S］. 北京：中国计划出版社，1999.

[60] 北京中加集成智能系统工程有限公司. 09BD9 建筑电气通用图集　火灾自动报警与联动控制［S］. 北京：中国建筑工业出版社，2009.

[61] 公安部天津消防科学研究所等. GA 30.2-2002 固定消防给水设备的性能要求和试验方法　第2部分：消防自动恒压给水设备［S］. 北京：中国标准出版社，2002.

[62] 中国建筑科学研究院等. GB 50368-2005 住宅建筑规范［S］. 北京：中国建筑工业出版社，2010.

[63] 公安部沈阳消防研究所等. GB 17945-2010 消防应急照明和疏散指示系统［S］. 北京：中国标准出版社，2010.

[64] 中国建筑东北设计研究等. JGJ 16-2008 民用建筑电气设计规范［S］. 北京：中国建筑工业出版社，2008.

[65] 中国建筑标准设计研究院等. 09X700 智能建筑弱电工程设计与施工［S］. 北京，2009.

[66] 公安部天津消防研究所等. CECS 154:2003 建筑防火封堵应用技术规程［S］. 北京：中国标准出版社，2003.

[67] 公安部四川消防研究所等. GB 23864-2009 防火封堵材料［S］. 北京：中国标准出版社，2009.

[68] 公安部天津消防研究所. GB 50016-2006 建筑设计防火规范［S］. 北京：中国计划出版社，2006.

[69] 公安部沈阳消防研究所等. GB 14287.2-2005 剩余电流式电气火灾监控探测器［S］. 北京：中国标准出版社，2006.

[70] 中机中电设计研究院. GB 16895.21-2011/IEC 60364-4-41:2005 低压电气装置　第4-41部分：安全防护　电击防护［S］. 北京：中国标准出版社，2012.

[71] 国网北京电力建设研究院等. GB 50169-2006 电气装置安装工程接地装置施工及验收规范［S］. 北京：中国计划出版社，2006.

[72] 中机中电设计研究院. GB/T 16895.1-2008/IEC 60364-1:2005 低压电气装置　第1部分：基本原则、一般特性评估和定义［S］. 北京：中国标准出版社，2009.

[73] 机械科学研究院等. GB 16895.3-2004/IEC 60364-5-54:2002 建筑物电气装置　第5-54部分：电气设备的选择和安装 接地配置、保护导体和保护连接导体［S］. 北京：中国标准出版社，2004.

[74] 中国中元国际工程公司等. GB 50057-2010 建筑物防雷设计规范［S］. 北京：中国计划出版社，2011.

[75] 南通五建建设工程有限公司等 . GB 50601 - 2010 建筑物防雷工程施工与质量验收规范 [S] . 北京：中国计划出版社，2010.
[76] 中国建筑科学研究院等 . JGJ 102 - 2003 玻璃幕墙工程技术规范 [S] . 北京：中国建筑工业出版社，2003.
[77] 机械工业部设计研究院 . GB 50057 - 94 （2000 版） 建筑物防雷设计规范 [S] . 北京：中国计划出版社，2001.
[78] 中国航空工业规划设计研究院 . 02D501 - 2 等电位联结安装 [S] . 北京，2002.
[79] 王厚余 . 《低压电气装置的设计安装和检验》（第三版） [M] . 北京：中国电力出版社，2012.
[80] 湖北电机厂等 . JB/T 7127 - 1993YD 系列 （IP44） 变极多速异步电动机技术条件 [S] . 北京：机械科学研究院出版社，1993.
[81] 机械工业部上海电器科学研究所等 . JB/T 8681 - 1998YDT 系列 （IP44） 变极多速三相异步电动机技术条件 [S] . 北京：1998.
[82] 清华同方股份有限公司等 . GB 50339 - 2003 智能建筑工程质量验收规范 [S] . 北京：中国建筑工业出版社，2003.
[83] 中国移动通信集团设计院有限公司等 . GB 50311 - 2007 综合布线系统工程设计规范 [S] . 北京：中国计划出版社，2007.
[84] 电力部电力建设研究所等 . GB 50194 - 93 建设工程施工现场供用电安全规范 [S] . 北京：中国计划出版社，1993.
[85] 上海电器科学研究所等 . GB 14048. 1 - 2006 低压开关设备和控制设备　第 1 部分：总则 [S] . 北京：中国标准出版社，2006.
[86] 上海电器科学研究所等 . GB 14048. 3 - 2002 低压开关设备和控制设备　第 3 部分：开关、隔离器、隔离开关及熔断器组合电器 [S] . 北京：中国标准出版社，2002.
[87] 上海电器科学研究所 （集团） 有限公司等 . GB/Z 6829 - 2008 剩余电流动作保护器的一般要求 [S] . 北京：中国标准出版社，2008.
[88] 上海电器科学研究所 （集团） 有限公司等 . GB 14048. 2 - 2008 低压开关设备和控制设备　第 2 部分：低压断路器 [S] . 北京：中国标准出版社，2009.
[89] 中国联合工程公司等 . GB 50052 - 2009 供配电系统设计规范 [S] . 北京：中国计划出版社，2010.
[90] 北京太安达电器有限公司 . GB 10235 - 2000 弧焊变压器防触电装置 [S] . 北京，2000.
[91] 北京市建设工程安全质量监督总站等 . DB 11/T 695 - 2009 建筑工程资料管理规程 [S] . 北京，2010.
[92] 北京供电局等 . GB 13955 - 2005 剩余电流动作保护装置安装和运行 [S] . 北京：中国标准出版社，2005.
[93] 北京市劳动保护科学研究所 . GB 3805 - 83 安全电压 [S] . 北京，1983.
[94] 北京市劳动保护科学研究所 . GB/T 3805 - 1993 特低电压 （ELV） 限值 [S] . 北京：中国标准出版社，1993.
[95] 机械工业北京电工技术经济研究所等 . GB/T 3805 - 2008 特低电压 （ELV） 限值 [S] .

北京：中国标准出版社，2008.
[96] 中机生产力促进中心等．GB/T 156-2007 标准电压［S］．北京：中国标准出版社，2007.
[97] 机械科学研究院中机生产力促进中心等．GB/T 2900.71-2008/IEC 60050-826:2004 电工术语　电气装置［S］．北京：中国标准出版社，2007.
[98] 沈阳变压器研究所．JB/T 10088-2004　6kV～500kV 级电力变压器声级［S］．北京：中国标准出版社，2004.
[99] 李蔚．建筑电气设计常见及疑难问题解析［M］．北京：中国建筑工业出版社，2010.